HERANÇA

Sharon Moalem, MD, PhD
com Matthew D. Laplante

HERANÇA

Como nossos genes transformam
nossas vidas e como nossas vidas
transformam nossos genes

Tradução de André Carvalho

Rocco

Título original
INHERITANCE
How Our Genes Change Our Lives – and
Our Lives Change Our Genes

Os conselhos e informações contidos neste livro não visam a substituir aconselhamento nem tratamento dados pelo médico pessoal de qualquer leitor, e este profissional deve ser consultado no que diz respeito a qualquer programa médico, tratamento ou linha de cuidado. Eximem-se todas as responsabilidades por qualquer reação ou condição médica adversa que possam surgir em decorrência do uso de informações ou conselhos discutidos ou sugeridos neste livro.

Copyright © 2014 by Sharon Moalem

Todos os direitos reservados.
Nenhuma parte desta obra pode ser reproduzida, ou transmitida por qualquer forma ou meio eletrônico ou mecânico, inclusive fotocópia, gravação ou sistema de armazenagem e recuperação de informação, sem a permissão escrita do editor.

Edição brasileira publicada mediante acordo com
Grand Central Publishing, New York, NY, EUA. Todos os direitos reservados.

Direitos para a língua portuguesa reservados
com exclusividade para o Brasil à
EDITORA ROCCO LTDA.
Av. Presidente Wilson, 231 – 8º andar
20030-021 – Rio de Janeiro – RJ
Tel.: (21) 3525-2000 – Fax: (21) 3525-2001
rocco@rocco.com.br | www.rocco.com.br

Printed in Brazil/Impresso no Brasil

Preparação de originais
VIVIAN MANNHEIMER

Coordenação de coleção
BRUNO FIUZA

CIP-Brasil. Catalogação na fonte.
Sindicato Nacional dos Editores de Livros, RJ.

M683h

Moalem, Sharon
 Herança : como nossos genes transformam nossas vidas e como nossas vidas transformam nossos genes / Sharon Moalem, Matthew D. Laplante ; tradução André Carvalho. - 1. ed. - Rio de Janeiro : Rocco, 2016.
 (Origem)

 Tradução de: Inheritance: How our genes change our lives and our lives change our genes
 ISBN 978-85-325-3033-2

 1. Genética. 2. Hereditariedade. I. Laplante, Matthew D. II. Carvalho, André. III. Série.

16-33525

CDD: 576.5
CDU: 575

O texto deste livro obedece às normas do
Acordo Ortográfico da Língua Portuguesa.

Para Shira

Sumário

Introdução: Tudo está prestes a mudar — 9

1. Como raciocinam os geneticistas — 17

2. Quando os genes se comportam mal — 51
   O que a Apple, a Costco e um doador de esperma dinamarquês nos ensinam sobre expressão gênica

3. Modificando nossos genes — 81
   Como os traumas, o bullying e a geleia real alteram nosso destino genético

4. Pegar ou largar — 101
   Como a vida e os genes conspiram para constituir e quebrar nossos ossos

5. Alimente seus genes — 135
   O que nossos ancestrais, os veganos e nossos microbiomas nos ensinam sobre nutrição

6. Dosagem genética — 173
   Como analgésicos mortais, o Paradoxo da Prevenção e Ötzi, o Homem do Gelo, estão modificando a medicina

7. Escolhendo um lado — 195
   Como os genes nos ajudam a decidir entre esquerda e direita

8. Somos todos X-Men — 219
   O que xerpas, engolidores de espadas e atletas geneticamente dopados nos ensinam a respeito de nós mesmos

9. Hackeando seu genoma 243
Por que as grandes empresas de tabaco e de seguro, seu médico e até mesmo a pessoa amada desejam decodificar o seu DNA

10. Filhos por encomenda 273
As consequências não imaginadas dos submarinos, do sonar e dos genes duplicados

11. Juntando os pedaços 307
O que as doenças raras nos ensinam sobre herança genética

Epílogo: Uma última coisa 343

Notas 347

Agradecimentos 365

Introdução
Tudo está prestes a mudar

Você se lembra do fim do ensino fundamental? Consegue se lembrar da fisionomia dos seus colegas? Seria capaz de listar os nomes dos professores, da secretária, do diretor da escola? Consegue se lembrar de como era o som do sinal que tocava? E dos aromas da cantina? E da dor de sua primeira paixonite? E do pânico ao perceber que entrou no banheiro na mesma hora que o valentão da escola que vivia te perseguindo?

Talvez todas essas lembranças sejam perfeitamente nítidas. Ou talvez, com o tempo, esses anos escolares tenham se desvanecido em meio a tantas outras memórias da infância.

Seja como for, você está carregando tudo isso consigo. Hoje já sabemos muito bem que essas experiências fazem parte da bagagem de nossa psique. Até mesmo aquilo de que você não é capaz de lembrar conscientemente está aí, em algum lugar, nadando em sua mente subliminar, prestes a emergir inesperadamente, para o bem ou para o mal.

Entretanto, tudo é muito mais profundo que isso, pois seu corpo se encontra em um estado constante de transformação e regeneração, e suas experiências – por mais irrelevantes que possam parecer, sejam com valentões, paixonites ou sanduíches – deixaram uma marca indelével.

E, o mais importante, no seu genoma.

Obviamente não foi assim que a maioria de nós aprendeu que funcionava a equação de três bilhões de letras que constituem nossa *herança* genética. Desde que as investigações feitas por Gregor Mendel em meados do século XIX[*] a respeito dos traços hereditários de ervilhas foram usadas para estabelecer os fundamentos de nossa compreensão da genética, temos aprendido que quem somos é algo bastante previsível, resultado apenas dos genes que herdamos de gerações anteriores. Um pouco da mamãe. Um pouco do papai. Bata tudo, e eis você.

É essa visão engessada da herança genética que os estudantes do ensino médio aprendem até hoje na escola, quando mapeiam gráficos genealógicos na tentativa de entender as características de seus colegas, como a cor dos olhos, o cabelo encaracolado, a capacidade de enrolar ou não a língua ou os pelos nos dedos. E a lição a ser aprendida, entregue como se tivesse sido escrita em pedra pelo próprio Mendel, é que não temos lá muita escolha no que diz respeito ao que recebemos ou ao que passamos, pois nosso legado genético já estava completamente fixado quando nossos pais nos conceberam.

Só que tudo isso está errado.

Pois nesse exato momento, esteja você na mesa de trabalho bebericando um café, em casa jogado em uma

---

[*] Gregor Mendel apresentou seu trabalho à Sociedade de História Natural de Brünn nos dias 8 de fevereiro e 8 de março de 1865. Um ano depois, a pesquisa foi publicada no periódico *Verhandlungen des naturforschenden Vereins Brünn* [*Procedimentos da Sociedade de História Natural de Brünn*]. Esse artigo só foi traduzido para o inglês em 1901.

HERANÇA

poltrona reclinável, na academia se exercitando na bicicleta ergométrica ou na Estação Espacial Internacional orbitando ao redor do planeta, seu DNA está sendo constantemente modificado. Como milhares e milhares de pequenos interruptores, alguns estão sendo ligados e outros, desligados, todos ao mesmo tempo, em resposta ao que você está fazendo, ao que está vendo, ao que está sentindo.

Esse processo é mediado e orquestrado pela maneira como você vive, onde vive, pelo nível de estresse que enfrenta e por aquilo que consome.

E todas essas coisas podem ser mudadas. O que significa, de forma bastante clara, que você pode mudar. Geneticamente.*

Isso não quer dizer que nossas vidas não sejam também moldadas por nossos genes. Elas sem dúvida alguma o são.

Na verdade, o que estamos aprendendo é que nossa herança genética – cada uma das "letras" de nucleotídeos que compõem nosso genoma – é instrumental e influente de formas que nem mesmo o mais criativo escritor de ficção científica poderia ter imaginado até poucos anos atrás.

Todos os dias adquirimos ferramentas e conhecimentos dos quais precisamos para embarcar em uma nova jornada genética, para pegarmos um mapa surrado, o colocarmos sobre a mesa de nossas vidas e traçarmos um curso novo para nós mesmos, nossos filhos e para todos os demais. Descoberta após descoberta, estamos

---
* Isso pode incluir tudo, de mutações adquiridas a pequenas modificações epigenéticas capazes de alterar a expressão e a repressão de seus genes.

nos aproximando de uma melhor compreensão da relação entre aquilo que nossos genes nos fazem e aquilo que nós fazemos aos nossos genes. E essa ideia – essa *herança flexível* – está mudando tudo.

Alimentação e exercícios. Psicologia e relacionamentos. Medicação. Litígios. Educação. Nossas leis. Nossos direitos. Dogmas antigos e crenças profundamente arraigadas. Tudo.

Inclusive a morte. Até agora a maioria de nós viveu sob a premissa de que as experiências de vida terminam quando a vida termina. Isso também está errado. Somos a culminação de nossa experiência de vida, assim como das experiências de vida de nossos pais e ancestrais. Porque nossos genes não esquecem facilmente.

Guerra, paz, fome, diáspora, doenças... Se nossos ancestrais atravessaram tudo isso e sobreviveram, então nós as herdamos. E uma vez que as adquirimos, é mais que provável que as passemos para a próxima geração, de alguma forma.

Isso pode significar câncer. Pode significar doença de Alzheimer. Pode significar obesidade. Mas também pode significar longevidade. Pode significar manter-se calmo na adversidade. E também pode significar a felicidade em si. Para o bem ou para o mal, estamos aprendendo agora que é possível aceitar e rejeitar nossa herança.

Este é um guia para essa jornada.

Neste livro, irei falar sobre as ferramentas que eu uso, como médico e cientista, para aplicar os mais recentes avanços no campo da genética humana à minha prática cotidiana. Irei apresentar a você alguns de meus pacientes. Mergulharei no universo clínico em busca de exemplos de pesquisas importantes para nossas vidas, e falarei a respeito de pesquisas com as quais estou envolvido. Falarei sobre história. Falarei sobre arte. Falarei sobre super-heróis, astros do esporte e profissionais do sexo. E farei conexões que mudarão a maneira como você vê o mundo, e até como vê a si mesmo.

Ajudarei você a caminhar pela corda bamba que demarca a fronteira entre o conhecido e o desconhecido. Sim, tudo é incerto por aqui, mas vale a pena. Um dos motivos é que a vista é inesquecível.

Sim, o modo como vejo o mundo não é convencional. Utilizando as doenças genéticas como um molde para compreender nossa biologia básica, fiz descobertas pioneiras em campos que aparentemente não têm relação entre si. Essa abordagem me tem sido bem útil, e me levou à descoberta de um antibiótico novo e inovador, chamado Siderocillin – que atua especificamente contra infecções por bactérias ultrarresistentes a antibióticos –, assim como o registro de vinte patentes pelo mundo para novas invenções biotecnológicas que visam melhorar nossa saúde.

Também tive a sorte de colaborar com alguns dos melhores médicos e pesquisadores do planeta, e o privilégio de ter acesso a alguns dos mais raros e complexos casos genéticos já vistos. Ao longo dos anos, minha carreira me levou a entrar na vida de centenas de pessoas que confiaram a mim aquilo que tinham de mais importante no mundo: seus filhos.

Em suma, eu levo isso a sério.

O que não quer dizer que essa será uma experiência desagradável. Sim, falaremos de coisas de partir o coração. Alguns desses conceitos podem desafiar muitas de nossas crenças mais básicas. Além disso, algumas ideias podem ser um tanto assustadoras.

Mas se você se abrir para esse fascinante mundo novo, ele poderá reorientá-lo. Pode fazer você pensar sobre a forma como vive. Pode te fazer reconsiderar como, falando em termos genéticos, você chegou a esse momento específico da sua vida.

Eu garanto: quando você chegar ao fim deste livro, todo o seu genoma e a vida que ele ajudou a construir nunca mais parecerão ser os mesmos de antes.

Portanto, se você estiver pronto para ver a genética de uma maneira muito diferente, eu gostaria de ser seu guia nessa jornada, percorrendo diversos lugares de nosso passado comum, por meio de uma coleção desordenada de momentos no nosso presente e na direção de um futuro repleto de promessas e armadilhas.

Nesse caminho, convidarei você a conhecer meu mundo, e mostrarei como vejo nossa herança genética. Para começar, vou contar como eu penso, pois sabendo como os geneticistas pensam você estará mais bem preparado para o mundo no qual estamos ingressando a toda a velocidade.

HERANÇA

E deixe-me dizer uma coisa: trata-se de um lugar muito estimulante. Você abriu este livro no início de uma era de descobertas extraordinárias. De onde viemos? Para onde vamos? O que recebemos? O que passaremos? Todas essas perguntas estão em aberto e ao nosso alcance.

Este é nosso futuro imediato e inexorável.

Esta é nossa *Herança*.

CAPÍTULO 1

Como raciocinam os geneticistas

Durante um tempo, parecia que todos os proprietários de restaurantes de Nova York estavam arrastando seus clientes para dietas compostas de comida vegetariana, sem glúten e de alimentos orgânicos com certificado triplo. Os cardápios vinham com asteriscos e notas de rodapé. Os garçons se tornaram especialistas em explicações sobre origem, combinações de sabores e certificados de comércio justo, e também em misturas complicadas de diferentes gorduras e todos aqueles ômegas confusos que são bons para uma coisa, ruins para outra.

Mas Jeff[1] não entrou nessa. Bem capacitado e ciente dos gostos sempre mutáveis no mundo dos restaurantes de sua cidade, o jovem chef não era contra a alimentação saudável; ele apenas não achava que aqueles cardápios do tipo "bom pra você" deveriam ser sua prioridade número um. Assim, enquanto todos os outros faziam experimentos com trigo freekeh e sementes de chia, Jeff cozinhava porções generosas e de dar água na boca com carnes, batatas, queijos e uma gama de outras gostosuras entupidoras de artérias que pareciam ter sido preparadas no paraíso.

Sua mãe provavelmente ensinou você a praticar aquilo que diz. A mãe de Jeff sempre o ensinara a comer aquilo que ele cozinhasse. E ele comia. Cara, ele sempre comia.

Mas quando seus exames de sangue começaram a dar sinais de níveis altos de colesterol de lipoproteína de baixa densidade – o tipo associado ao aumento do risco de doenças do coração, normalmente chamado de LDL, apenas –, havia chegado a hora de mudar. Quando o médico de Jeff soube que o jovem chef também tinha um histórico familiar de doenças cardiovasculares, ele foi categórico ao dizer que essa mudança teria que acontecer logo. Sem uma reformulação consistente na dieta de Jeff, incluindo um aumento substancial no consumo diário de frutas, verduras e legumes, ponderou o médico, o único recurso para reduzir o risco de um futuro ataque cardíaco seria a medicação.

Não era um veredito difícil de ser proferido pelo médico; era essa a orientação que ele havia sido treinado a dar para qualquer paciente que tivesse um histórico familiar como o de Jeff e os níveis de LDL que ele apresentava.

No início, Jeff resistiu. Afinal de contas, tendo recebido o apelido de "Bife" dos colegas de profissão devido a seus prodigiosos hábitos culinários e alimentares, mudar para uma dieta com mais frutas e legumes iria manchar sua reputação, ele pensava. Finalmente, estimulado por sua bela e jovem noiva, que queria envelhecer ao seu lado, ele se rendeu. Utilizando sua formação culinária e seu talento para reduções, Jeff decidiu dar início a um novo capítulo de sua vida. Começou introduzindo frutas e legumes ao seu repertório diário, o que implicava a necessidade de esconder alguns cujo sabor ele não apreciava. Como aqueles pais em uma onda saudável que escondem abobrinha nos *muffins* que dão aos filhos no café da manhã, Jeff começou a usar muito mais frutas e legumes em suas coberturas e reduções, para acompanhar seus filés malpassados. Ele logo compreendeu não apenas no nível teórico a ideia de equilíbrio nutricional que seu médico pregava, mas passou a vivenciá-lo. Porções menores de carne vermelha. Quantidades bem maiores de frutas e vegetais. Desjejuns e almoços sensatos.

Após três longos anos "comendo certo", e com níveis de colesterol cada vez mais baixos, Jeff acreditava ter vencido seus problemas médicos. Estava orgulhoso de si mesmo por ter conseguido regular a saúde por meio de dieta – o que, para a maioria das pessoas, é uma proeza nada desprezível.

Depois de haver aderido com rigor a essa nova dieta, ele achava que devia estar se sentindo ótimo, mas a verdade é que ele se sentia pior. Em vez de um aumento de vitalidade, ele se sentia inchado, enjoado e cansado. Uma investigação de seus sintomas revelou, primeiramente, algumas alterações moderadas na função hepática; em seguida, foi submetido a ultrassonografias abdominais, depois a uma ressonância magnética e, finalmente, a uma biópsia do fígado – que revelou um câncer.

Todos foram pegos de surpresa, especialmente seu médico, pois Jeff não havia tido hepatite B ou C (que podem causar câncer no fígado). Ele não era alcoólatra. Não havia sido exposto a quaisquer substâncias químicas tóxicas. Não havia feito nada tipicamente associado a câncer de fígado em sua vida jovem e relativamente saudável. Tudo que ele havia feito tinha sido mudar sua dieta, exatamente como o médico mandara. Jeff não podia acreditar no que estava acontecendo.

★ ★ ★

Para a maioria das pessoas a frutose é o que confere o sabor doce das frutas. Mas se você, como Jeff, sofrer de uma condição genética rara chamada de *intolerância hereditária à frutose*, ou IHF, não terá condições de quebrar completamente a frutose que consome.* Isso causa um acúmulo de metabólitos tóxicos no corpo – especialmente no fígado –, pois a pessoa não consegue produzir em quantidade suficiente uma enzima chamada frutose-bifosfato-aldolase B. E isso significa que, para pessoas como Jeff, comer frutas todos os dias não é saudável, e sim mortal.

Por sorte, o câncer de Jeff foi identificado cedo, e era tratável. Uma alteração na dieta – dessa vez eliminando a frutose – significa que ele estará encantando o paladar de muitos nova-iorquinos durante muito tempo.

Entretanto, nem todo mundo que é portador da IHF tem a mesma sorte. Muitas pessoas com essa condição

---

* Não apenas a frutose é um problema, mas também a sacarose e o sorbitol (os quais são convertidos em frutose no corpo). Esse último é geralmente encontrado em produtos como gomas de mascar "sem açúcar".

passam a vida inteira se queixando da mesma náusea e do inchaço que Jeff sentia sempre que comia uma grande quantidade de frutas e legumes, sem nunca virem a saber de fato o porquê. Na maior parte do tempo ninguém leva essas pessoas a sério, nem mesmo os médicos.

A não ser quando já é tarde demais.

Algumas pessoas com IHF desenvolvem uma poderosa – e protetiva – aversão natural à frutose em algum momento da vida, e aprendem a evitar alimentos que contêm esse açúcar, muito embora não saibam exatamente o motivo. Expliquei o seguinte a Jeff em nosso breve encontro, depois dele ter descoberto que tinha essa condição genética: quando as pessoas com IHF não prestam atenção no que o corpo está tentando dizer – ou, pior ainda, quando ouvem conselhos médicos contrários a essas exigências do corpo –, elas podem acabar sofrendo convulsões, entrando em coma e tendo uma morte precoce em decorrência de falência dos órgãos ou câncer.

Mas, felizmente, as coisas estão mudando. E rápido.

Até pouco tempo, ninguém – nem mesmo a pessoa mais rica do mundo – podia ter informações sobre seu genoma. A ciência ainda não havia chegado lá. Hoje em dia, contudo, o custo de um exoma, o sequenciamento completo do genoma de uma pessoa, uma inestimável foto instantânea dos milhares de "letras" de nucleotídeos que compõem nosso DNA, é mais baixo do que o custo de uma TV *widescreen* de alta qualidade.[2] E está ficando mais barato a cada dia que passa. Há agora uma enxurrada de dados genéticos confiáveis que não existiam antes.

O que se esconde em todas essas letras? Bem, para começo de conversa, informações que Jeff e seu médico poderiam ter utilizado para tomar decisões mais apropriadas sobre como lidar com sua IHF e seu colesterol alto – informações que todos nós podemos usar para tomar decisões a respeito do que comer e do que evitar. Com tal conhecimento, um presente personalizado com as iniciais de cada parente que existiu antes de você, será possível fazer escolhas sensatas sobre o que comer e, como veremos adiante, como viver.

Nada do que foi dito anteriormente teve a intenção de sugerir que o primeiro médico de Jeff tenha feito algo errado, pelo menos não na forma médica tradicional de pensar. Veja bem, desde o tempo de Hipócrates, os médicos baseavam seus diagnósticos na aparência de seus pacientes anteriores quando doentes. Nos últimos anos, essa concepção tem se expandido, de modo a incluir estudos sofisticados capazes de ajudar os médicos a compreender que remédios funcionam melhor para a maioria das pessoas, nos mínimos detalhes percentuais.

E, de fato, isso funciona. Para a maioria das pessoas. Na maior parte do tempo.*

Mas Jeff não era como a maioria das pessoas. Nem sequer por algum tempo. Nem você é. Nenhum de nós é.

Faz mais de uma década desde que o primeiro genoma humano foi sequenciado. Hoje, pessoas no mundo inteiro já tiveram todo ou uma parte de seus genomas expostos

---

* Esse conceito será discutido com mais profundidade no capítulo 6.

dessa maneira, e ficou claro que ninguém – e com isso quero dizer absolutamente ninguém – está na "média". Na verdade, em um projeto de pesquisa com o qual estive recentemente envolvido, as pessoas identificadas como "saudáveis" para o propósito de criar uma base de referência genética *sempre* tinham algum tipo de variação* na sequência genética, algo que estava deslocado em relação ao que havíamos considerado previamente. Em muitos casos essas variações são "medicamente acionáveis", ou seja, já sabemos do que se trata e temos alguma ideia do que fazer a respeito.

Não é em todo mundo que as variações genéticas podem ter um impacto tão profundo como as de Jeff. Mas isso não significa que deveríamos simplesmente ignorar tais diferenças – especialmente agora que temos as ferramentas para detectá-las, avaliá-las e, cada vez mais, intervir de forma bem especializada. Entretanto, nem todos os médicos possuem as ferramentas e o treinamento necessários para dar tais passos em defesa dos interesses de seus pacientes. Embora a culpa não seja deles, muitos clínicos da área da saúde, e, portanto, também seus pacientes, estão ficando para trás à medida que as descobertas científicas transformam o modo de tratar as doenças.

Somando-se aos desafios que os médicos atuais enfrentam, já não basta entender a genética. Hoje os médicos precisam também encarar a *epigenética* – o estudo de como os traços genéticos podem mudar e ser mudados

---

* Por não termos certeza quanto aos efeitos clínicos de algumas dessas mudanças, chamamos tais diferenças de variantes de significância desconhecida.

em uma única geração, e até mesmo ser transmitidos para a geração seguinte.

Um exemplo disso é o chamado *imprinting* genômico, ou *imprinting* parental, fenômeno segundo o qual a figura parental – sua mãe ou seu pai – de quem você herdou um determinado gene pode ser mais importante do que o gene em si. As síndromes de Prader-Willi e Angelman ilustram bem esse tipo de herança. Superficialmente parecem ser condições distintas, o que de fato são. No entanto, pesquisando um pouco mais a fundo geneticamente, descobrimos que dependendo de qual dos pais você herdou os genes imprintados, poderá apresentar uma ou outra dessas condições.

Em um mundo no qual as leis binárias simplistas da herança genética formuladas por Gregor Mendel em meados do século XIX foram tratadas por vários anos como dogma, muitos médicos se sentem despreparados para lidar com o mundo novo e veloz da genética do século XXI, que passa zunindo como um trem-bala ultrapassando uma carruagem.

A medicina acabará absorvendo tudo isso. Ela sempre o faz. Mas até que isso aconteça (e, sejamos francos, até depois que isso tiver acontecido) você não gostaria de estar munido com o máximo de informações possível?

Muito bem. É por isso que farei por você o que fiz por Jeff na primeira vez em que nos encontramos. Vou te examinar.

* * *

HERANÇA

Sempre acreditei que a melhor maneira de aprender algo é simplesmente indo lá e fazendo. Então, vamos arregaçar as mangas e pôr a mão na massa.

Sim, estou falando sério, quero que você arregace as suas mangas. Não se preocupe, eu não pretendo enfiar uma agulha no seu braço para coletar seu sangue. Não é isso que eu quero. Com frequência meus pacientes pensam que essa será a primeira coisa que vou fazer, mas eles estão enganados. Eu só quero dar uma boa olhada no seu braço. Gostaria de sentir a textura da sua pele e ver você flexionar o cotovelo. E gostaria de passar meus dedos pelo seu pulso e olhar fixamente para as pregas da palma da sua mão.

Com isso, e nada mais – nenhum sangue, saliva, nem amostra de cabelos – terá se iniciado seu primeiro exame genético. E eu já saberei um bocado sobre você.

Às vezes as pessoas pensam que quando os médicos estão interessados em seus genes, a primeira coisa a examinar deveria ser o DNA. Embora alguns citogeneticistas – pessoas que estudam como nosso genoma é fisicamente embalado – usem de fato microscópios para coletar um pedacinho do DNA, isso geralmente é feito apenas para assegurar que todos os cromossomos de seu genoma estejam ali, intactos, no número e na ordem corretos.

Os cromossomos são pequenos – medem cerca de alguns milionésimos de metros –, mas sob as circunstâncias certas podemos vê-los. É possível até mesmo ver se há alguma pequena parte de um dos cromossomos que esteja faltando, duplicada ou mesmo invertida. E quanto aos genes individuais – as minúsculas sequências superespecíficas de DNA que ajudam a fazer de você quem é? Isso é mais complicado. Mesmo sob ampliação extrema, o DNA parece um pedaço de fita enroscada, talvez um pouco parecido com o laço de fita que se vê sobre um presente de aniversário embrulhado com capricho.

Há maneiras de abrir esse embrulho e dar uma olhada em todas essas partes e pedacinhos dentro dele. Isso geralmente envolve um processo que inclui aquecer trechos de DNA para fazer com que se separem, utilizar uma enzima para que sejam duplicados e terminem em um determinado lugar, e adicionar substâncias químicas para torná-los visíveis. O que se materializa é uma imagem sua que tem o potencial de ser mais reveladora do que qualquer fotografia, radiografia ou ressonância magnética. E isso é importante, pois os processos que nos permitem ir tão a fundo no DNA desempenham um papel vital na medicina.

Entretanto, não é nisso que estou interessado nesse exato momento. Porque, se soubermos o que procurar – um certo vinco horizontal no lobo da orelha ou uma determinada curva na sobrancelha –, é possível fazer rapidamente um diagnóstico correlacionando uma característica física a uma condição genética ou congênita específica.

E é por isso que, nesse exato momento, estou apenas olhando para você.

Se você gostaria de se ver como eu te vejo, pegue um espelho, ou vá até o do banheiro e dê uma olhada no seu belo rosto. Todos nós conhecemos nossos rostos muito

HERANÇA

bem, ou ao menos julgamos conhecê-los, então vamos começar por aí.

O seu rosto é simétrico? Seus dois olhos têm a mesma cor? Eles são fundos? Seus lábios são finos ou grossos? Sua testa é larga? Suas têmporas são estreitas? Seu nariz é proeminente? Você tem um queixo muito pequeno? Agora olhe bem de perto para o espaço entre os seus olhos. Você consegue encaixar um olho imaginário entre seus olhos de verdade? Se puder, talvez tenha uma característica anatômica chamada *hipertelorismo orbital*.

Fique calmo. Muitas vezes, no processo de identificar alguma condição ou característica física – e, certamente, todas as vezes em que falamos algo terminado em "ismo" – os médicos fazem disparar alarmes em seus pacientes. Mas se seus olhos forem um pouco hipertelóricos, isso não é motivo para se preocupar. Na verdade, se os seus olhos forem um pouquinho mais separados um do outro que os olhos da maioria das pessoas, você estará em ótima companhia. Jackie Kennedy Onassis e Michelle Pfeiffer estão entre as personalidades cujos olhos hipertelóricos as diferenciam das demais pessoas.

Quando olhamos para um rosto, uma das características que costumamos perceber subconscientemente como atraente são olhos minimamente mais espaçados entre si. Os psicólogos sociais demonstraram que tanto homens quanto mulheres tendem a classificar os rostos das pessoas como mais agradáveis quando seus olhos são um pouco separados.[3] Na verdade, agências de modelos procuram ativamente esse traço quando estão em busca de novos talentos, e isso acontece há décadas.[4]

Por que associamos beleza a um hipertelorismo moderado? Bem, uma explicação razoável foi dada no século XIX por um francês chamado Louis Vuitton Malletier.

* * *

Você provavelmente conhece Louis Vuitton como o fabricante de algumas das bolsas mais caras e bonitas do mundo, assim como o fundador de um império da moda que hoje se tornou uma das marcas de luxo mais valiosas. Entretanto, quando o jovem Louis chegou a Paris pela primeira vez, em 1837, tinha ambições bem mais modestas. Aos 16 anos de idade ele conseguiu um emprego como carregador de bagagens para ricos viajantes parisienses, ao mesmo tempo em que era aprendiz de um mercador local conhecido por confeccionar malas de viagem robustas – daquelas cheias de etiquetas que você pode ter visto no sótão de um de seus avós.[5]

Você pode achar que os carregadores de hoje são brutos demais com sua bagagem, mas em comparação histórica eles tratam suas malas com luvas de seda. Nos tempos em que as viagens internacionais eram feitas em navios, quando não era possível comprar malas novas e baratas em qualquer loja de departamento, a bagagem tinha que ser capaz de suportar verdadeiras surras. Antes das malas de Louis Vuitton, a maioria delas não era à prova d'água, e tinha que ser arredondada, para facilitar o escoamento. Isso as tornava difíceis de empilhar, e ainda menos duráveis. Uma das inovações inteligentes de Louis foi a de usar lona encerada em vez de couro. Isso não apenas fazia com que as malas fossem à prova d'água, como também facilitou a transição para um design plano, o que mantinha as roupas e os pertences no interior secos; esse não era um feito de pouca importância, dadas as condições de transporte da época.

Mas Louis tinha um problema. Como ele poderia ter certeza de que as pessoas que não estavam familiarizadas com os desafios e custos associados ao design de suas malas saberiam que estavam adquirindo um material de qualidade? Embora isso pudesse não ser um grande problema em Paris, onde o boca a boca era o único marketing de que um bom fabricante de bagagem precisava, expandir o negócio para além de *La Ville Lumière* era um trabalho bem mais árduo.

Parte desse dilema incluía um desafio que nunca abandonou Louis e seus herdeiros: as imitações. Quando os fabricantes de bagagem concorrentes começaram a imitar seu design quadrado, mas não a qualidade, seu filho Georges apresentou a ideia da ilustre logomarca com L e V entrelaçados, uma das primeiras logos patenteadas na França.

Com isso, raciocinava ele, bastaria bater os olhos para as pessoas saberem que estavam comprando o produto verdadeiro. A logomarca era o símbolo que garantia a qualidade.

Porém, quando se trata de qualidade biológica, as pessoas não nascem com logomarcas óbvias. Assim, ao longo de milhões de anos de evolução, nós desenvolvemos outras maneiras, mais rudes, de avaliar uma pessoa – maneiras que nos dizem, em apenas um passar de olhos, as três coisas mais importantes que precisamos saber: parentesco, saúde e adequação para o papel parental.

* * *

Além das similaridades faciais que indicam relações de sangue – "ele não é mesmo a cara do pai?" –, não estamos acostumados a pensar muito a respeito de onde vem nosso rosto. Entretanto, a história da formação de nossas características faciais é fascinante, um complexo balé embriológico, e qualquer passo em falso no desenvolvimento deixará marcas para sempre em nossas faces, visíveis por todos. Por volta da quarta semana de vida embrionária, a parte externa da face começa a se desenvolver a partir de cinco intumescências (imagine essas estruturas como pedaços de argila que serão modelados naquilo que virá a ser nosso futuro rosto), que acabarão por se unir, moldar, fundir e ser confeccionadas em uma superfície contínua. Quando essas áreas não se fundem em uma superfície lisa e não se unem, permanece um espaço aberto, que resultará em uma fenda.

Algumas fendas são mais graves que outras. Às vezes uma fenda resulta em nada mais que um pequeno afundamento visível no queixo (os atores Ben Affleck, Cary

Grant e Jessica Simpson são apenas alguns entre os que possuem uma fenda, ou "furo", no queixo). Isso também pode acontecer com o nariz (pense em Steven Spielberg e Gérard Depardieu). Em outras ocasiões, porém, uma fenda pode causar uma longa abertura na pele, expondo músculos, tecidos e ossos, e proporcionando uma porta de entrada para infecções.

Por serem tão multifacetados, nossos rostos são nossa marca registrada biológica mais importante. Exatamente como a logomarca da Louis Vuitton, nossos rostos fornecem mais informações do que se imagina sobre nossos genes e sobre a manufatura genética realizada durante o desenvolvimento fetal. Por esse motivo, nossa espécie aprendeu a prestar atenção a essas pistas antes mesmo que soubéssemos o que elas significam, pois também propiciam a maneira mais rápida de avaliarmos, atribuirmos valor e nos relacionarmos com as pessoas que nos rodeiam. Muito mais que uma mera perspectiva superficial, o motivo pelo qual damos importância à aparência do nosso rosto é que – quer você goste, quer não – ele pode divulgar nosso histórico genético e de desenvolvimento. Pode também contar muitas coisas a respeito de seu cérebro.

A formação facial pode sinalizar se o cérebro se desenvolveu ou não sob condições normais. No jogo genético que envolve as medidas dos indivíduos, milímetros fazem diferença. Isso ajuda a explicar por que, ao longo de diversas culturas e gerações, nós desenvolvemos uma tendência especial a reparar em olhos significativamente mais separados entre si. O espaçamento entre nossos olhos é uma característica comum a mais de quatrocentas condições genéticas.

A *holoprosencefalia*, por exemplo, é uma condição na qual os dois hemisférios cerebrais não se formam da maneira apropriada. Além de apresentarem uma propensão maior a convulsões e deficiência cerebral, os portadores de holoprosencefalia também estão propensos a ter *hipotelorismo orbital*, ou seja, olhos com um grande espaçamento entre si. O hipotelorismo também vem sendo associado à *anemia de Fanconi*, outra condição genética bastante comum em descendentes de judeus asquenazi ou de negros sul-africanos.[6] Essa condição frequentemente causa aplasia da medula óssea* e um risco maior de desenvolver malignidades.

O hiper e o hipotelorismo são apenas duas placas de sinalização na longa autoestrada do desenvolvimento, que conecta nossa herança genética ao nosso ambiente físico, mas há outros indicadores que também podem ser consultados.

Procuremos alguns deles.

Dê mais uma olhada no espelho. As bordas externas dos seus olhos são mais baixas que as bordas internas? São mais altas? Chamamos a separação entre as pálpebras superiores e inferiores de fissura palpebral. Se as bordas externas de seus olhos forem mais altas que as bordas internas, isso é descrito como fissuras palpebrais oblíquas. Em muitas pessoas de ancestralidade asiática essa é uma

---

* Doença caracterizada pela deficiência medular, ou seja, disfunção da medula óssea. Pode ser moderada ou grave. (N. do T.)

característica completamente normal e que as define, mas em indivíduos de outras ancestralidades a presença de fissuras palpebrais oblíquas pode ser um dos sinais ou indicativos específicos de uma condição genética como a Trissomia do cromossomo 21, ou síndrome de Down. Quando as bordas externas dos olhos são mais baixas que as internas, o termo para isso é fissura palpebral descendente, o que, mais uma vez, por si só pode não querer dizer nada. Mas também pode ser um indicativo da síndrome de Marfan, como era o caso do ator Vincent Schiavelli, que fez os papéis de Fredrickson em *Um estranho no ninho* e de Mr. Vargas em *Picardias estudantis*. Para os produtores de elenco, Schiavelli era "o homem dos olhos tristes". Para quem conhece as pistas, no entanto, aqueles olhos eram um marcador que apontava, juntamente com os pés chatos, um queixo pequeno e vários outros sinais físicos, para uma condição genética que, quando não é devidamente tratada, pode resultar em doenças cardíacas e redução do tempo de vida.

Outra condição, menos debilitante, à qual se aplicam os mesmos princípios de descoberta é a heterocromia ocular, uma característica anatômica na qual as íris não têm a mesma cor em cada olho. Com frequência isso é resultante de uma migração assimétrica dos melanócitos, as células que produzem melanina. Você poderia pensar imediatamente em David Bowie, visto que muito se comenta sobre a diferença marcante na aparência de seus olhos. Entretanto, se olhar de mais perto, verá que os olhos de Bowie não são de cores diferentes; uma de suas pupilas mostra-se plenamente dilatada, e a outra não, e isso se deu em decorrência de uma briga com um colega de escola na disputa por uma garota. Mila Kunis, Kate Bosworth, Demi Moore e Dan Aykroyd são alguns dos verdadeiros integrantes do clube da heterocromia. Muito embora seja provável que você esteja familiarizado com algumas dessas pessoas ou todas elas, talvez não tivesse notado ainda, já que em muitos casos a heterocromia é sutil.

É provável que você conheça pessoas com heterocromia e nunca tenha percebido. Não costumamos despender muito tempo olhando profundamente nos olhos de nossos amigos e conhecidos. Não obstante, deve haver alguém na sua vida cujos olhos ficaram marcados na sua psique.

Com exceção daquelas que nos são mais queridas, em geral só lembramos dos olhos das pessoas quando estes são poderosamente azuis e brilhantes, como uma gema perfeitamente lapidada de água-marinha – uma linda consequência do fracasso completo da migração das células pigmentares para onde deveriam ter ido durante o desenvolvimento fetal.

E se esses olhos azuis forem acompanhados de uma mecha frontal de cabelo branco, eu penso imediatamente na *síndrome de Waardenburg*. Se você tem uma mecha de cabelo despigmentado, olhos heterocromáticos, uma ponte nasal larga e problemas auditivos, então são altas as chances de você ser portador dessa condição.

Existem alguns tipos distintos de síndrome de Waardenburg, porém o mais comum é o Tipo 1. Essa variedade da síndrome de Waardenburg é causada por mudanças em um gene chamado *PAX3*, que desempenha um papel crucial na forma como as células migram, conforme percorrem seu caminho para fora da medula espinhal.

Estudar a maneira como esse gene funciona nas pessoas com síndrome de Waardenburg pode proporcionar insights úteis para a compreensão de outras condições muito mais complexas. Acredita-se que o *PAX3* esteja também relacionado a melanomas, o tipo de câncer de pele mais mortal – um exemplo de como o funcionamento interno oculto de nossos corpos se torna visível por meio de condições genéticas raras.[7]

Agora, vamos aos cílios. Embora muitos os considerem algo sem maior importância, na verdade há toda uma indústria dedicada a fazer parecer que somos mais bem-dotados nesse quesito. Se você busca cílios mais cheios, pode considerar o uso de apliques ou até mesmo experimentar uma droga para aumentá-los, conhecida pelo nome comercial de Latisse.

Mas antes que você faça qualquer dessas coisas, quero que dê uma boa olhada nos seus cílios e veja se consegue contar mais de uma fileira. Caso consiga encontrar alguns cílios a mais, ou toda uma fileira extra, você tem uma condição chamada *distiquíase*. Também nesse caso você estará em boa companhia: Elizabeth Taylor é apenas um exemplo de alguém que partilha com você essa condição. O interessante é que se acredita que a posse de uma fileira extra de cílios seja parte de uma síndrome chamada de *síndrome de distiquíase-linfedema* – abreviando, DL –, que está associada a mutações em um gene chamado *FOXC2*.

O termo linfedema se refere ao que acontece quando há uma drenagem insuficiente de fluidos, como quando seus pés ficam inchados após você ter ficado tempo demais sentado durante um voo de longa duração. Na condição mencionada anteriormente, o linfedema é especialmente pronunciado nas pernas.

Contudo, nem todas as pessoas com uma fileira extra de cílios apresenta estes inchaços, e o motivo não está muito claro. Você ou alguém que você ama pode possuir uma fileira extra de cílios e nem ter notado até agora. A gente nunca sabe o que encontrará quando começa a olhar as pessoas dessa maneira. E é exatamente o que me aconteceu no ano passado, sentado a uma mesa de jantar com minha mulher. Eu sempre pensei que fosse o rímel que conferia a ela um belo e completo conjunto de cílios. Mas eu estava enganado. Minha mulher tem distiquíase.

Embora ela não apresente nenhum dos demais sintomas associados à DL, não pude acreditar que levei mais de cinco anos de casamento para perceber. Isso é uma reviravolta genética completa na ideia de encontrarmos novas qualidades em nossos cônjuges, mesmo após tantos anos. Eu simplesmente nunca havia pensado que pudesse de fato deixar passar uma fileira extra de cílios.

Isso prova que nosso rosto pode ser uma paisagem genética vasta e inexplorada. Só é preciso saber como olhar.

A essa altura você já deve ter encontrado pelo menos uma característica em seu rosto que seja associada a alguma condição genética. Mas há boas chances de você não portar de fato tal condição. A verdade é que todos são "anormais" de alguma maneira, portanto é raro que se possa ligar uma única característica física a uma condição correlacionada. Quando essas características são analisadas pedaço por pedaço e combinadas – o espaçamento e o grau de inclinação dos olhos, o formato do nariz, o número de fileiras de cílios –, uma quantidade tremenda de informações pode ser obtida acerca das pessoas. E é essa gestalt que pode nos conduzir a um diagnóstico genético – um diagnóstico que podemos alcançar sem precisar jamais dar uma olhada profunda em seu genoma. É verdade que a confirmação de uma suspeita clínica geralmente é realizada por meio de exames genéticos diretos, mas fazer uma varredura por todo o genoma de uma pessoa sem um alvo específico é como revirar todos os grãos de areia em uma praia à procura de um grão específico que seja ligeiramente diferente dos demais. Uma tarefa computacional um tanto desanimadora e onerosa, a bem da verdade.

Assim, em suma, é útil saber o que você está procurando.

* * *

Recentemente, eu estava em um jantar com amigos da minha mulher aos quais eu acabara de ser apresentado. E simplesmente não conseguia parar de olhar para a anfitriã.

Susan tinha olhos ligeiramente separados (hipertelóricos), o mínimo suficiente para que fosse possível notar. O nariz dela é apenas um pouco mais achatado na ponte que o da maioria das pessoas. Ela tinha algo de diferente no contorno do vermelhão (jargão médico para descrever o formato de seu lábio superior). Ela também era mais para baixinha.

E, enquanto os cabelos dela dançavam batendo em seus ombros, eu estava concentrado na tarefa de conseguir olhar seu pescoço. Fingindo admirar um raro pôster francês do filme *Os incompreendidos*, dirigido por François Truffaut em 1959, e esticando o pescoço da maneira mais discreta possível, eu tentava bisbilhotar.

Não demorou muito para que minha esposa percebesse minha fixação ostensiva e mal disfarçada, e me puxou para um canto em um corredor silencioso.

"Qual é a sua? Você está olhando de novo?", ela perguntou. "Se você não parar de olhar desse jeito pra Susan as pessoas vão começar a interpretar errado."

"Eu não consigo evitar. Lembra aquele outro dia, com os seus cílios?", retruquei. "Tem vezes em que simplesmente não consigo desligar. Mas, falando sério, eu acho que a Susan tem síndrome de Noonan."

Minha mulher revirou os olhos, sabendo bem onde tudo aquilo ia dar. Eu seria uma péssima companhia pelo resto da noite, ruminando a respeito de todas as possibilidades diagnósticas apresentadas pela aparência física de Susan.

Eis a questão: uma vez que aprendemos a olhar, as boas maneiras escapam facilmente pela janela, e se torna praticamente impossível não ficar reparando. Você já deve ter ouvido falar que muitos médicos sentem uma obrigação ética de interromper o que quer que estejam fazendo para socorrer aqueles que precisem de ajuda imediata – como, por exemplo, se estiverem presentes na cena de um acidente, até a chegada de uma ambulância. O que dizer, então, dos médicos que foram treinados para reconhecer as possibilidades de condições sérias, até mesmo algumas que envolvem risco de vida, nas quais os demais presentes nada veem de incomum?

À medida que eu continuava estudando as características de Susan, tinha em mãos um dilema ético significativo. A anfitriã e os outros convidados certamente não eram meus pacientes, e sem dúvida eles não haviam me convidado para diagnosticar quaisquer possibilidades de condições genéticas ou congênitas de que porventura fossem portadores. Tratava-se de uma mulher que eu havia acabado de conhecer. Como poderia eu puxar a conversa para esse assunto? E como conseguiria impedir a mim mesmo de acabar deixando escapar que a aparência distintiva dela – seus olhos, nariz, lábios e, possivelmente, uma característica típica, que era uma pele esticada conectando o pescoço aos ombros, chamada de pescoço alado – indicava ser bastante provável que ela tinha uma condição genética? Além das implicações para quaisquer filhos futuros, a síndrome de Noonan está também associada ao potencial para doenças cardíacas, deficiência de aprendizagem, distúrbios na coagulação sanguínea e outros sintomas problemáticos.

A síndrome de Noonan é apenas uma das chamadas "condições ocultas", visto que as características a ela associadas não são tão raras assim. Como no caso da fileira extra de cílios, é comum que as pessoas não estejam cientes de que são portadoras dessa condição até que comecem a prestar atenção nisso. Eu não podia simplesmente caminhar até ela e dizer: "Muito obrigado pelo convite para o jantar, o *tempeh* estava delicioso. Aliás, você sabia que é portadora de um distúrbio autossômico dominante e potencialmente letal?"

Em vez disso, decidi simplesmente perguntar se havia fotos de seu casamento por perto. Eu raciocinava que isso poderia ajudar a esclarecer para mim se ela realmente tinha síndrome de Noonan, que costuma ser herdada de um dos pais. Depois do segundo álbum de fotos e da enésima fotografia da noiva com sua mãe, estava claro que elas compartilhavam inúmeras características físicas. "Pois é", pensei. "É Noonan mesmo."

"Uau", eu disse, julgando conduzir a conversa para uma abordagem mais sutil da questão. "Você parece *mesmo* com a sua mãe."

"Sim, eu ouço isso o tempo todo", foi a primeira resposta dela. "Na verdade, sua mulher me contou um pouco sobre o que você faz..."

Naquele exato momento eu ainda não tinha certeza quanto ao caminho que aquela conversa ia tomar. Misericordiosa, Susan veio em meu socorro.

"Minha mãe e eu temos uma condição genética, chama-se síndrome de Noonan, você já ouviu falar?"

Como os fatos demonstraram, Susan tinha total consciência de sua condição, embora não se possa dizer o mesmo da maioria das pessoas que também a possuem.

E os amigos na festa, que a conheciam havia muito mais tempo que eu, ficaram maravilhados em ver como eu tinha sido capaz de diagnosticar sua condição com base em diferenças físicas que eles mal tinham notado. A verdade, no entanto, é que não é preciso ser médico para fazer esse tipo de exame. Todos nós o fazemos. Você o fez na última vez que viu alguém com síndrome de Down. Você pode não ter pensado a respeito enquanto seus olhos percorriam as características distintivas – fissuras palpebrais oblíquas, braços e dedos curtos (chamados de braquidactilia), orelhas implantadas mais baixo que o normal, uma ponte nasal achatada –, mas você estava realizando um rápido diagnóstico genético. Já tendo visto uma quantidade suficiente de casos de síndrome de Down ao longo de sua vida, você, sem se dar conta, conferiu uma lista mental de características para chegar a essa conclusão médica.[8]

Somos capazes de fazer o mesmo com milhares de outras condições. Quanto mais hábeis nos tornamos, fica cada vez mais difícil evitar. Pode ser irritante (como é, compreensivelmente, para minha mulher), e pode acabar estragando um jantar social, mas também é importante – pois em alguns casos a aparência física de uma pessoa é a única forma de determinar se ela tem um distúrbio congênito. Por vezes – quer você acredite ou não –, conforme verá em seguida, simplesmente não temos nenhum outro exame confiável.

★ ★ ★

Volte agora ao espelho e dê uma boa olhada na área entre seu nariz e o lábio superior. Aquelas duas linhas verticais demarcam seu filtro labial, que, por acaso, é a região para a qual, durante o início do desenvolvimento, vários pedaços de tecido migraram e se encontraram, como imensas placas continentais se chocando para formar uma cadeia de montanhas.

Você se lembra do que eu disse sobre nossas faces terem muito em comum com a logomarca da Louis Vuitton – um sinal de nossa qualidade genética e do histórico de desenvolvimento? Agora, se você estiver tendo dificuldades em visualizar as linhas de seu filtro e a área for relativamente lisa, e caso seus olhos sejam ligeiramente separados, e, além disso, seu nariz for arrebitado, é possível que sua mãe tenha bebido significativamente quando estava grávida de você, criando uma perfeita tempestade de exposição chamada de *transtorno do espectro alcoólico fetal* (TEAF). Costumamos nos arrepiar quando ouvimos essas palavras reunidas na mesma frase, pois costuma-se pensar que o TEAF é um agrupamento devastador de distúrbios. Ele pode ser, de fato. Mas também pode ter uma expressão moderada, por vezes com apenas algumas pistas faciais e pouco mais que isso como consequência. A despeito de todas as revoluções sofridas pela medicina e pela genética na última década, continua não havendo um exame definitivo para a TEAF, a não ser essa mesma inspeção visual que você acabou de fazer em si mesmo.[9]

Isso faz com que voltemos para a sua mão. Agora que você tem uma ideia de como traços específicos e as

HERANÇA

combinações desses traços podem propiciar informações a respeito da constituição genética de uma pessoa, você pode olhar para a sua mão do mesmo jeito que eu olharia. Observe as linhas nas suas palmas. Quantas pregas palmares principais você tem? Eu tenho uma grande e curva, que corre do lado oposto ao meu polegar e duas enrugadas que correm horizontalmente em relação aos meus dedos.

Você possui uma única prega que percorre sua palma, abaixo de seus dedos? Isso pode estar associado à TEAF e à Trissomia do cromossomo 21, mas fique tranquilo, pois cerca de 10% da população possuem ao menos uma anormalidade em uma das mãos, sem quaisquer outros indicadores de uma doença genética.

E quanto aos seus dedos? São excessivamente longos? Caso positivo, talvez você tenha *aracnodactilia*,[*] uma condição que pode estar associada à síndrome de Marfan e a outros distúrbios genéticos.

E, já que estamos olhando seus dedos, eles se afilam na direção de suas unhas? O leito ungueal[**] é fundo? Agora olhe bem para seus mindinhos. Eles são retos ou se curvam para dentro, na direção dos demais dedos? Se eles tiverem uma curva distintiva, talvez você tenha algo chamado *clinodactilia*, que pode estar associada a mais de sessenta síndromes, ou ser uma característica isolada e completamente benigna.

---

[*] Também chamada de dedo de aranha.
[**] Leito ungueal – é a parte 'rosa' da unha, formada pelo tecido conectivo sob a lâmina ungueal (a unha propriamente dita), e que une a unha ao dedo. (N. do T.)

Não se esqueça dos polegares. Eles são grossos? Parecem dedões do pé? Se a resposta for sim, isso se chama *braquidactilia tipo D*, e se você tem isso está no mesmo clube genético da atriz Megan Fox, embora você jamais saberia disso vendo o comercial da Motorola durante o Superbowl de 2010, estrelado por ela, pois os diretores usaram uma dublê de polegar.[10] Essa mesma característica também pode ser um sintoma da *doença de Hirschsprung*, uma condição que pode afetar a maneira como seus intestinos funcionam.

Talvez você queira um pouco de privacidade para o próximo exame. Caso esteja lendo este livro em casa ou em qualquer outro lugar em que se sinta à vontade, tire os sapatos e as meias e separe suavemente o segundo e o terceiro dedos do pé. Caso encontre uma membrana extra de pele é provável que você seja portador de uma variação no braço longo do seu cromossomo 2, que está associada a uma condição denominada *sindactilia tipo 1*.[11]

No início de nosso desenvolvimento, começamos com mãos que se parecem a luvas de beisebol. Mas à medida que nos desenvolvemos, perdemos essas membranas entre os dedos, uma vez que nossos genes ajudam a instruir as células da pele entre nossos dedos das mãos e dos pés a desaparecerem.

Em alguns casos, porém, essas células se recusam a obedecer. Quando isso acontece com as mãos ou com os pés, não costuma representar nenhuma tragédia; intervenções cirúrgicas geralmente podem consertar os raros casos de sindactilia que chegam a ser debilitantes, e inúmeras pessoas começam hoje em dia a se mostrarem criativas com essa pele extra entre os dedos dos pés, usando tatuagens e piercings para chamar atenção para um pedacinho extra de epiderme que a maior parte das pessoas não possui, no melhor estilo hipster.

Se você tem um filho ou filha com essa condição e que não tem idade suficiente para tatuagens ou piercings, é sempre possível dizer que essa característica pode fazer deles nadadores melhores. É o que acontece, obviamente, com os patos. Eles usam seus pés membranosos como lemes e como remos no deslocamento na água, assim como para se impulsionarem em velocidade de jato, quando se encontram sob a água procurando comida.

Como é que os patos mantêm seus pés membranosos? O tecido entre os dedos sobrevive graças à expressão de uma proteína chamada Gremlin, que se comporta como um pequeno terapeuta celular, convencendo as células existentes entre os dedos do pé do pato a não se matarem como o fariam em outras aves e também nos humanos. Sem a proteína Gremlin, ao que parece, os patos teriam pés como os das galinhas. E isso não lhes teria sido lá muito útil na água.

Você consegue dobrar o polegar até que ele alcance o seu punho? Você consegue puxar o mindinho para trás a um ângulo superior a 90 graus? Em caso positivo, talvez você tenha um grupo de condições subdiagnosticadas chamadas de *síndrome de Ehlers-Danlos*. E pode ser que você precise começar a tomar uma medicação chamada antagonista do receptor da angiotensina II, que se encontra atualmente sob pesquisa clínica, para evitar que sua artéria aorta seja dissecada (ou cortada). Isso pode soar dramático, mas sim, é verdade: com base em uma simples avaliação de suas mãos é possível identificar se você corre um risco alto de sofrer complicações cardiovasculares.

É dessa maneira que os médicos recorrem à genética para conduzir o atendimento aos pacientes. Sim, às vezes usamos alta tecnologia para poder dar uma olhada no mural genético. Às vezes ficamos acordados até tarde estudando sua sequência genética em um banco de dados online, como um programador de computadores que tenta decifrar códigos complicados. Mas com muita frequência utilizamos uma combinação de técnicas de baixíssima sofisticação tecnológica para diagnosticar essas condições. E algumas vezes é uma combinação de pistas simples, sutis, a análises de alta tecnologia que nos mostram aquilo que mais precisamos saber a respeito do que está acontecendo no nível profundo e microscópico de seu interior.

★ ★ ★

Como isso funciona na prática? Bem, antes mesmo que eu ponha meus olhos sobre um paciente, costumo ter recebido algumas informações de outro médico. Em um dia bom, terei recebido uma carta detalhada explicando por que aquele médico gostaria que eu visse seu paciente, e quais suas preocupações específicas. Às vezes eles arriscam um palpite de maneira educada.

Mas em muitos casos não é assim.

HERANÇA

Em geral, tenho que começar a partir de expressões vagas, como "atraso de desenvolvimento". Em outros casos recebo uma mensagem como "hirsutismo ou manchas multipigmentadas na pele, ao longo das linhas de Blaschko". Sim, com o passar dos anos os computadores eliminaram o desafio de decifrar a sabida péssima caligrafia dos médicos, mas parece que nós ainda nos orgulhamos de usar uma linguagem complicada e esotérica.

É claro que poderia ser pior: no passado, alguns médicos escreviam em prontuários ou atestados a sigla F.L.K. [do inglês *fun looking kid*], o que, inadequadamente, significava "criança esquisita". Essa seria a abreviatura de um médico para dizer "Não tenho muita certeza do que está errado, mas alguma coisa simplesmente não parece certa".

Na maioria dos casos, essas iniciais foram substituídas por uma palavra mais científica, acurada e compassiva: *dismórfica*. Mas continua sendo uma descrição vaga.

Bastam poucas palavras para que minha mente comece a funcionar a mil por hora. Até mesmo antes de eu ver um paciente que me foi descrito como dismórfico, já começo a acionar todos os algoritmos que internalizei e a pensar em todas as perguntas importantes que preciso me lembrar de fazer a ele e à sua família. Analiso as pistas que já tenho em mãos. Por vezes o nome de um paciente já oferece indícios relativos ao seu contexto étnico, um fator importante em muitas doenças genéticas – e, uma vez que muitas culturas possuem um longo histórico de casamentos intrafamiliares, nomes podem também me oferecer pistas quanto à possibilidade de os pais desse paciente terem um parentesco próximo.¹² A idade me mostra em que estágio de desenvolvimento sua condição se encontra. E o departamento do qual adveio a solicitação de diagnóstico me dá uma pista a respeito de quais devem ser os sintomas mais óbvios e prementes.

Esse, para mim, é o estágio 1.

O estágio 2 tem início tão logo o paciente adentra meu consultório. Você já deve ter ouvido falar que pessoas encarregadas de entrevistar candidatos a uma vaga de emprego obtêm uma grande quantidade de informações logo nos primeiros segundos do encontro. O mesmo vale para os médicos. Quase imediatamente eu começo a desconstruir a face de meu paciente, de forma bem semelhante àquela que você examinou o próprio rosto ao espelho. Observo os olhos do paciente, seu nariz, filtro, boca, queixo e algumas outras marcas características, e procuro rearranjá-las, unindo-as novamente pedaço por pedaço. Antes de fazer qualquer pergunta ao paciente, eu me pergunto: em que essa pessoa é diferente?

A *dismorfologia* é um campo de estudos relativamente novo, que usa o rosto, as mãos, os pés e o restante do corpo para nos fornecer pistas sobre a herança genética de um dado indivíduo. Os discípulos desse campo procuram identificar indícios físicos que revelem a presença de uma condição hereditária ou transmitida, de maneira semelhante à que um expert em artes emprega seus conhecimentos e recursos para determinar a autenticidade de uma pintura ou escultura.¹³

HERANÇA

A dismorfologia é também a primeira coisa que retiro da minha caixa de ferramentas quando recebo um paciente novo. Mas, obviamente, não é aí que tudo termina. Antes de concluir, quero saber muitas outras coisas sobre você. Isso me faz um pouco diferente da maioria dos médicos. Veja bem, vários dos médicos que atendem você conhecem bem partes suas. Seu cardiologista fica conhecendo seu coração e todo seu poder de bombear sangue. Seu alergista provavelmente saberá como você reage a pólen, poluição e outros venenos particulares; o ortopedista cuida de seus ossos. Os podiatras existem para o bem dos seus preciosos pés.

Mas eu, sendo o seu médico com um interesse especial em genética, verei muito mais coisas em você. Darei uma olhada em cada parte. Cada curva. Cada fissura. Cada machucado. E cada segredo.

Trancafiado no interior do núcleo de suas células encontra-se uma enciclopédia a respeito de quem você é, por onde andou, e um monte de pistas sobre para onde você está indo. E, com certeza, algumas dessas fechaduras serão mais simples de abrir do que outras, mas tudo está lá. O que você precisa saber é *onde* e *como* procurar.

CAPÍTULO 2

QUANDO OS GENES SE COMPORTAM MAL

O que a Apple, a Costco e um doador de esperma dinamarquês nos ensinam sobre expressão gênica

No mundo moderno da genética clássica, Ralph é a ervilha de Mendel. Durante muitos anos, o prodigioso dinamarquês doador de esperma foi um requisitadíssimo provedor dos elementos genéticos básicos que iriam, quando unidos ao material genético de mães ávidas de todo o globo, produzir, de forma um tanto previsível, diversas crianças altas, robustas e louras.

E por um bom tempo parecia que todo mundo queria um pouquinho daquele produto. Ao preço de 500 coroas dinamarquesas por amostra (o equivalente a 85 dólares), inúmeros homens jovens com o material correto (geralmente uma combinação de características físicas e intelectuais desejáveis combinadas a uma alta contagem de espermatozoides) recorriam à doação de sêmen para ajudar a fechar as contas no fim do mês na Dinamarca, onde a sociedade aberta e o encanto viking fizeram da doação de sêmen um esporte popular.[1]

Mas até mesmo para os padrões escandinavos, Ralph era indiscutivelmente prolífico.

Devido a preocupações de que irmãos biológicos desinformados de seu parentesco pudessem vir a se conhecer e se apaixonar, doadores como Ralph deveriam parar de doar sêmen após terem gerado 25 crianças. Mas ninguém havia descoberto uma forma de saber quando o limite de um doador havia sido alcançado. E Ralph – cuja foto na ficha o exibia dirigindo uma bicicleta de três rodas, vestindo short Adidas e uma camiseta vermelha – era tão popular que, quando decidiu por conta própria parar de doar, alguns casais desejosos de ter filhos, obcecados pelos genes dele, recorreram à internet em busca de lotes extras de seu sêmen congelado.

Por fim, o homem conhecido pela maioria de seus receptores apenas como Doador 7042 se tornaria o pai biológico de pelo menos 43 crianças em diversos países.

Os fatos viriam a mostrar, no entanto, que Ralph não estava simplesmente germinando suas sementes nórdicas. Ele estava, sem saber, espalhando uma semente ruim. Ralph passara adiante um gene que causa um desenvolvimento excessivo do tecido corporal, que muitas vezes pode ter resultados desconcertantes e capazes de alterar a vida de seus portadores, o que inclui enormes bolsas de pele flácida, deformações faciais profundas e tumores que parecem furúnculos vermelho-vivos cobrindo todo o corpo. Esse distúrbio causador de tumores, chamado *neurofibromatose tipo 1*, ou NF1, também pode provocar dificuldades de aprendizagem, cegueira e epilepsia.

A história do Doador 7042 e sua infortunada prole atraiu a atenção do público e resultou em mudanças imediatas nas leis dinamarquesas quanto à quantidade de crianças que doadores de esperma podem gerar.[2] Mas, para algumas famílias, era tarde demais.

O DNA havia sido transmitido. Bebês tinham sido feitos. Genes tinham sido herdados. Os princípios estabelecidos inicialmente por Gregor Mendel, o pai da genética moderna, ainda em meados do século XIX, estavam vivos, e não tão bem assim, no século XXI.

Por que então a prole de Ralph teria sido afligida por uma doença a qual ele próprio não parecia portar?

* * *

Gregor Mendel não estava nem um pouco interessado em ervilhas. Pelo menos, não de antemão. Em vez disso, o monge curioso queria fazer experimentos com camundongos.

Coube a um velho obstinado, chamado Anton Ernst Schaffgotsch, mudar a direção de Mendel – e, ao fazê-lo, Schaffgotsch mudou a história.

Veja bem, se você fosse um monge voltado para empreitadas artísticas ou descobertas científicas lá na época de Mendel, não haveria para você uma opção melhor que atender a um chamado para viver no humilde e escarpado Mosteiro de São Tomás, na cidade de Brünn (hoje Brno), onde atualmente é a República Tcheca.

Os monges de São Tomás há muito eram reverendos bem fajutos. É óbvio que eles sempre souberam que sua responsabilidade principal era servir ao Senhor, mas dentro dos confins dos muros de tijolos caindo aos pedaços da abadia eles haviam desenvolvido uma cultura de estudo e pesquisa. Junto com as preces, havia a filosofia. Junto com a meditação, havia a matemática. Havia música, arte, poesia.

E, obviamente, havia a ciência.

Mesmo nos dias de hoje suas descobertas coletivas, insights e debates acalorados teriam causado muita dor de cabeça nos líderes da Igreja. Durante o longo e autoritário reinado do papa Pio IX, entretanto, as façanhas coletivas feitas por esses monges eram inequivocamente subversivas. E o bispo Schaffgotsch não estava achando a menor graça.

Na verdade, segundo informa a literatura especializada, ele só tolerava as atividades extracurriculares realizadas na abadia porque não entendia muito bem o que acontecia ali.

Inicialmente, o trabalho de Mendel sobre os hábitos de acasalamento de camundongos parecia bastante simples. Porém, na opinião de Schaffgotsch,[3] depois essas pesquisas haviam ido longe demais. Para início de conversa, nas espaçosas dependências com piso de pedra onde vivia Mendel, os roedores enjaulados exalavam um fedor que Schaffgotsch considerava incompatível com a vida organizada que se esperava de um monge da Ordem de Santo Agostinho.

E também havia a questão do sexo.

Mendel, que, assim como todas os demais monges, havia feito voto de castidade, parecia estar obsessivamente interessado em saber como as pequenas criaturas peludas davam no couro.

Isso, acreditava Schaffgotsch, ultrapassava todos os limites aceitáveis.

Assim, o severo bispo ordenou ao inquisitivo jovem monge que fechasse os portões de seu pequeno bordel de camundongos. Se Mendel de fato estivesse, como dissera, interessado unicamente em como as características passam de uma geração de criaturas vivas a outra, ele teria que se contentar com algo menos emocionante.

Algo assim como ervilhas.

Mendel achou graça. O que o bispo parecia não entender, refletia o monge endiabrado, era que "as plantas também fazem sexo".

Dessa forma, durante os oito anos seguintes, Mendel cultivou e estudou quase trinta mil pés de ervilha, e descobriu, por meio de observações e registros cuidadosos, que certas características das plantas – como o tamanho do caule e a cor da vagem, por exemplo – seguiam padrões específicos de uma geração para a seguinte. Esses resultados estabeleceram o quarto estágio de nosso conhecimento de como os genes funcionam aos pares, e quando um gene é dominante sobre outro (ou quando dois genes recessivos se juntam) pode desencadear uma característica específica.

É impossível dizer o que teria acontecido se Mendel tivesse continuado a trabalhar com camundongos. Estudando tais criaturas muito mais complexas em termos comportamentais, ele poderia ter deixado de realizar todas as descobertas que fez na busca de entender melhor como obter, com regularidade, ervilhas mais lisas, verdes e de caules longos. É verdade que o meticuloso monge, se tivesse tido a oportunidade de observar por mais tempo seus camundongos misturando os genes de suas vibrissas, poderia muito bem ter tropeçado em algo ainda mais revolucionário, algo que levaria mais de um século para que seus discípulos começassem a perceber. Contudo, da forma como as coisas se deram, quando Mendel publicou pela primeira vez suas pesquisas em um periódico obscuro chamado *Procedimentos da Sociedade de História Natural de Brünn*, seu trabalho foi recebido com um descaso coletivo. E quando foi redescoberto, já na virada para o século XX, Mendel há muito já estava morto e sepultado no Cemitério Central da cidade.

Entretanto, assim como acontece a diversos visionários cujo trabalho só é apreciado após suas mortes, as revelações de Mendel sobreviveram ao tempo, inicialmente na identificação de cromossomos e genes, e posteriormente na descoberta e sequenciamento do DNA. Ao longo de cada etapa desse trajeto, no entanto, uma ideia fundamental persistia: quem somos é algo completamente previsível, que depende apenas dos genes que herdamos das gerações anteriores.

Mendel chamou o que descobriu de *leis da herança*,[4] e com o passar dos anos foi assim que aprendemos a pensar a respeito de nosso legado genético: algo como instruções binárias passadas de uma geração a outra, como antiguidades pertencentes ao patrimônio de uma família que um herdeiro nem sempre deseja, mas da qual não pode se livrar.

Ou como o trágico legado genético de Ralph. Então, por que, na verdade, Ralph se diferenciava das ervilhas de Mendel, não apresentando quaisquer sinais visíveis de ter sido afetado quando tantos de sua prole obviamente o foram?

* * *

A condição genética que ardia na linhagem sanguínea de Ralph segue um padrão autossômico dominante de herança. Isso significa que só é necessário um único gene com uma mutação para que o indivíduo seja afetado por uma doença específica. E caso você tenha herdado o gene deletério, em geral há 50% de chances de você transmiti-lo a cada criança que gerar. A forma como entendemos as leis da herança de Mendel por muitos anos sugere que se alguém teve a má sorte de receber um gene resultante de uma mutação e que se comporta de acordo com esse tipo de padrão hereditário, deveria apresentar os mesmos sinais da doença.

Foi, provavelmente, essa a genética que você aprendeu na escola, quando mapear seus heredogramas familiares parecia muito fácil. Ela nos fazia acreditar que sabíamos tudo sobre a mágica molecular que nos faz ser quem somos. É claro que, com o tempo, foi ficando um pouco mais complicada, porém tudo começou com a ideia, que logo se transformou em dogma, de que os genes vêm em pares, e quando um gene é dominante sobre outro, ele é capaz de impor um traço específico. Tudo, dos seus olhos castanhos à habilidade de enrolar a língua, o fato de crescerem pelos no dorso de seus dedos, ou de ter lóbulos das orelhas separados, era visto como o resultado de genes dominantes dominando. E, do mesmo modo, acreditava-se que quando dois genes recessivos se pareavam, produziam traços menos prováveis, como olhos azuis ou um polegar de caroneiro.

Mas se a herança genética sempre funciona dessa maneira, então como Ralph – e todas as pessoas que o viam todos os dias nas várias clínicas onde doava seu esperma – não tinha a menor ideia de que ele possuía tal doença, capaz de mudar uma vida? A resposta é que Mendel, com todas as suas contribuições à ciência, deixou de perceber algo de vital importância: a expressividade variável.*

Assim como acontece em muitas condições hereditárias, a neurofibromatose tipo 1 se articula de várias formas, e por vezes de maneira tão suave que não é reconhecível. É por isso que ninguém – aparentemente, nem o próprio Ralph – conhecia o terrível segredo.

A condição de Ralph permaneceu oculta devido à expressividade variável. É essa a razão pela qual os mesmos genes podem alterar nossas vidas de maneiras muito diversas. Genes idênticos nem sempre se comportam de

---

* Expressividade variável é a medida do quanto alguém é afetado por uma mutação ou condição genética.

forma idêntica em pessoas diferentes – nem mesmo em pessoas com o DNA totalmente idêntico.

Tomemos como exemplo Adam e Neil Pearson. Nascidos gêmeos monozigóticos, ou idênticos, acredita-se que esses irmãos carreguem genomas indistinguíveis, incluindo uma alteração genética que causa a neurofibromatose tipo 1. Mas Adam tem um rosto tão inchado e desfigurado que certa vez, numa casa noturna, um sujeito que estava bêbado tentou lhe arrancar o rosto, julgando que fosse uma máscara. Neil, por outro lado, poderia se passar por Tom Cruise de um certo ângulo, mas sofre de perda de memória e convulsões ocasionais.[5]

Genes idênticos, expressão completamente diferente. E quanto a todos aqueles sinais físicos pelos quais eu conduzi você no capítulo 1? Eles são expressões comuns e geralmente indicativas de certas condições genéticas, mas tais traços certamente não abrangem o espectro de *todas* as suas expressões.

Tudo isso nos leva a perguntar: por que a diferença na expressão? Porque nossos genes não respondem às nossas vidas de uma forma binária. Conforme aprenderemos, e contrariando os resultados de Mendel, mesmo que nossos genes herdados pareçam imutáveis, a maneira como se expressam pode ser muito diferente. Embora nossa herança possa ter sido inicialmente contemplada por meio de uma lente mendeliana em preto e branco, hoje começamos a compreender o poder de vê-la em cores plenas e geneticamente expressivas.

É por isso que agora nós, médicos, enfrentamos um novo desafio. Os pacientes nos procuram em busca de respostas que caibam em categorias definidas e antagônicas, como benigno ou maligno, tratável ou terminal. A parte difícil de explicar genética aos pacientes é que tudo que pensávamos saber nem sempre é estático ou binário. Encontrar a melhor forma de explicar isso se tornou muito mais vital, uma vez que eles precisam do máximo possível de informações que os ajudem a tomar algumas das mais importantes decisões de suas vidas.

Porque o seu comportamento *pode* ditar – e, *de fato*, dita – seu destino genético.

* * *

É por isso que agora quero falar com você sobre o Kevin. Ele tinha vinte e poucos anos. Alto e saudável. Bonito, charmoso e inteligente. Se naquela época eu conhecesse alguém que estivesse à procura de um bom pretendente – e caso isso não fosse completamente antiético –, eu teria tentado apresentá-los.

Talvez fosse por termos a mesma idade e termos tido uma criação parecida. Ou talvez porque estivéssemos ambos envolvidos com a medicina – ele do lado oriental e eu do ocidental do espectro. Qualquer que tenha sido o motivo, o fato é que parecíamos ter uma boa conexão.

Conheci Kevin pouco depois de a mãe dele ter morrido, após uma longa e corajosa luta contra tumores neuroendócrinos pancreáticos metastásicos. Antes de ela morrer, um astuto oncologista havia sugerido que fizesse exames genéticos – e isso, por sua vez, revelou uma mutação bem no meio de seu gene supressor de tumor von Hippel-Lindau.

A síndrome de von Hippel-Lindau, ou VHL, é uma condição genética que predispõe pessoas a tumores e malignidades, incluindo aquelas no cérebro, olhos, ouvido interno, rins e pâncreas. Alguns pesquisadores sugerem que o conflito entre os Hatfield e os McCoy* pode ter se desenvolvido, em parte, devido à VHL, visto que muitos descendentes atuais dos McCoy sofrem de tumores na glândula adrenal, o que pode resultar em temperamentos difíceis.[6] Obviamente, nem todos que têm VHL apresentam esse tipo de sintoma – o que é mais um exemplo de expressividade variável.

E, exatamente como o gene mutado que causa a NF1 que Ralph estava passando adiante, o gene que causa a VHL é herdado na forma de uma autossomia dominante. Isso significa que basta que você tenha uma única cópia desse gene, oriunda de seus pais, que não se comporte da maneira esperada, para que você seja afetado. Por ser a VHL um transtorno autossômico dominante, sabíamos que Kevin tinha 50% de chances de ter herdado esse problema de sua mãe. Isso foi o suficiente para convencê-lo a fazer um exame para conferir se ele portava a mesma mutação, e de fato os dados mostraram que ele a havia herdado.

---

* Conflito de terra que envolvia duas famílias, nos EUA do final do século XVII, na divisa entre os estados da Virgínia Ocidental e do Kentucky. (N. do P.O.)

Não há cura para a VHL, mas se descobrirmos que alguém tem essa condição podemos intensificar o monitoramento quanto à presença de tumores antes que os mesmos se tornem sintomáticos. Foi o que presumi que seria o caso para Kevin. Pelo menos de início, a maioria das pessoas que herdaram um gene VHL, que tenha sofrido mutação ou deleção,* ainda pode confiar na outra cópia, saudável, para que o crescimento celular permaneça sob controle e para evitar que se formem tumores e malignidades.

Chamamos isso de *hipótese de Knudson*, segundo a qual duas ou mais alterações em nossos genes podem vir a preparar o cenário para que desenvolvamos um câncer. Saber que você está a um gene de distância de um câncer, como Kevin havia descoberto, deveria torná-lo mais cauteloso a respeito da forma como trata seus genes. Radiação, solventes orgânicos, metais pesados e exposição a toxinas de plantas e fungos são apenas algumas das maneiras pelas quais seus genes podem ser danificados e alterados.

O problema é que a VHL pode se expressar de tantos modos distintos ao longo da vida de uma pessoa afetada que nunca sabemos onde e quando ela irá eclodir. Isso significa que é preciso monitorar praticamente tudo. Isso inclui um regime de exames e tratamentos feitos por uma equipe de médicos e de outros profissionais de saúde durante toda a vida do paciente.

Não é de surpreender que Kevin quisesse saber o que deveria esperar, mas uma vez que a VHL se expressa de

---

* Deleção é quando ocorre a perda total ou parcial de um fragmento de cromossomo. (N. do P.O.)

tantas formas diferentes, era muito difícil para mim responder a essa pergunta, além de reiterar a importância de um sistema de monitoramento e informar os tipos de tumores e malignidades que ele corria maior risco de desenvolver.

"Então, o que você está me dizendo é que não há como sabermos do que eu irei morrer", ele disse.

"Existem tratamentos para muitos desses tumores causados pela VHL, especialmente se os detectamos cedo", respondi. "Não sabemos nem se você morrerá de VHL."

"Todo mundo morre", disse Kevin, com um riso dissimulado. Eu corei.

"É verdade, mas com tratamento…"

"Pelo resto da minha vida."

É, provavelmente, mas…"

"Consultas e checkups, o tempo inteiro. O estresse de um monitoramento constante. Exames de sangue. A dúvida constante…"

"Sim, é um monte de coisas, mas a alternativa…"

"Há sempre uma infinidade de alternativas", disse ele, sorrindo. Naquele momento, compreendi que ele havia feito uma escolha.

Fiquei profundamente triste quando, alguns anos mais tarde, ele descobriu que tinha um carcinoma metastático de célula renal, uma forma de câncer do rim. Mais uma vez, ele resistiu a se submeter a qualquer tratamento convencional e faleceu pouco depois.

Você deve estar se perguntando como isso pode ser um exemplo de expressividade variável. Afinal de contas, Kevin morreu de maneira prematura e trágica, assim como sua mãe. Mas Kevin morreu de um tipo diferente de câncer, e em uma idade mais precoce que a de sua mãe; portanto, infelizmente, a expressividade variável inclui genes se comportando de maneiras diferentes da geração anterior, ou ainda da mesma geração. Utilizando técnicas de monitoramento, aplicadas por uma equipe médica que mantivesse uma vigília permanente sobre seu corpo, Kevin poderia ter usado o tempo após seu diagnóstico para iniciar mais cedo um tratamento para seu tipo de câncer renal. Mas ele escolheu não fazê-lo. Dada sua herança genética, se Kevin houvesse simplesmente perguntado que tipos de monitoramento por imagem sua condição requeria, e desse sequência a esse processo, ele poderia não ter morrido prematuramente. No que toca à nossa saúde e às nossas vidas, a escolha é nossa. Nosso destino genético flexível é, em muitos aspectos, determinado por nós, se soubermos o que perguntar e o que fazer com as respostas.[7]

★ ★ ★

Para entender melhor a base conceitual de nossa herança flexível, façamos uma breve visita à Biblioteca Jean Remy, em Nantes, na França. Foi lá que uma bibliotecária, manuseando alguns arquivos antigos, se deparou com um trecho há muito esquecido de uma partitura.

O papel era frágil e amarelado. A tinta havia esmaecido. Mas as notas ainda eram claras. A melodia continuava lá. Dessa maneira, não levou muito tempo para que os pesquisadores conseguissem determinar que aquele pedaço

HERANÇA

de papel – guardado e esquecido por mais de um século nos arquivos da biblioteca – era uma produção genuína e raríssima feita pelas próprias mãos de Wolfgang Amadeus Mozart.[8]

Assim como todas as mais de 600 obras conhecidas de Mozart, a melodia – diversos compassos em ré maior, que se acredita terem sido escritos poucos anos antes de sua morte – é um conjunto de instruções do compositor clássico a todos os músicos que transcende os séculos. Mozart, ao que parece, era um fã da apogiatura, o tipo de nota breve e dissonante que se abre em uma nota principal, e confere à angustiante balada "Someone Like You", de Adele, seu peculiar charme desesperado.[9] Apesar de a maioria dos compositores modernos preferir uma semicolcheia a uma apogiatura, isso nada mais é que um pequeno passo de evolução musical. Assim, pianistas como Ulrich Leisinger, o diretor de pesquisa da Fundação Mozart em Salzburgo, na Áustria, podem usar a partitura para ressuscitar essa melodia perdida por tantos anos. E Leisinger, esse maldito sortudo, pode fazer isso no mesmíssimo piano com o qual Mozart compôs muitos de seus concertos há mais de duzentos e vinte anos.[10]

Quando tocada, essa canção atravessa o espaço e o tempo como a frágil cabine de polícia do Dr. Who, viajando pelo tempo e se materializando no mundo moderno com um floreio travesso. Para o ouvido treinado de Leisinger, a melodia que emerge quando as notas são executadas é claramente um credo – uma melodia litúrgica. Isso faz dela algo como uma mensagem em uma garrafa, pois embora

Mozart tenha composto muitas músicas religiosas na juventude, alguns estudiosos questionam se a fé o influenciou de forma significativa – se é que o influenciou – nos seus últimos anos de vida.

Com base na caligrafia e no papel, os pesquisadores concluíram que a música foi escrita por volta de 1787, uma época em que Mozart – então gozando de estabilidade como compositor de óperas – não tinha necessidade financeira de escrever canções para igrejas. Leisinger acredita que isso revela que Mozart tinha um interesse ativo em teologia no fim de sua vida.

E tudo isso com base em algumas notas.

Foi mais ou menos assim que por muitos anos entendemos o DNA. Da mesma maneira como os músicos modernos são capazes de ler as instruções de Mozart e perpetuá-las com uma fidelidade quase impecável, revelando as complexidades ali ocultas, temos a expectativa de que nosso legado genético seja um papel sobre o qual esteja escrita a música de nossas vidas. E isso é verdade, até certo ponto. Mas não é tudo. Estamos agora despertando para uma nova compreensão de nossos eus genéticos, e até mesmo de nossa linhagem evolutiva. Longe de sermos escravos de um destino codificado no interior de nosso DNA, como um iPod obsoleto preso eternamente a um réquiem, estamos aprendendo que existe uma flexibilidade considerável dentro de todos nós. Uma habilidade inata para mudar as melodias, tocar a música de maneira diferente, e, ao fazê-lo, superar parte do que entendemos como nosso destino genético mendeliano, um tanto binário.

HERANÇA

Isso porque a vida, e a genética que a sustenta, não é como um pedaço de papel, mas como um clube de jazz com pouca iluminação. Talvez ela seja como o Jazzamba Lounge, no Taitu Hotel, no centro pulsante de Adis Abeba, capital da Etiópia, onde homens e mulheres do mundo todo se encontram para beber, fumar, rir e viver momentos de luxúria. Escutem bem:

Copos tilintando. Cadeiras sendo arrastadas. Vozes murmurantes.

E então, no palco escuro, um baixo:

Baum-baum-baum bada baum-baum bada.

Em seguida, sussurros suaves de uma bateria tocada com vassourinhas:

Tcha-sssss tcha-sssss tcha-sssss... tcha-sssss.

Um velho trompete com abafador:

Bráááá bra-der-dá bráááá-der-der-bra-dá.

E, finalmente, uma cantora sexy:

Oooooo-iá badá bááááá. Lá-iá lá-iá lá-iá bada-iadá.

Apenas uma linha de baixo básica, e toda a majestade e tragédia da vida sobre a qual repousar.

Agora, é verdade que para caminharmos desde nossos marcos de desenvolvimento iniciais até a vida adulta, precisamos de um certo grau de sofisticada orquestração genética. Assim, todos nós começamos com uma partitura. Mais velha que Mozart. Algumas das notas são tão antigas quanto a vida na Terra. Mas há bastante espaço em nossas vidas para improvisos. O *timing*. O timbre. O volume. A dinâmica. Por meio de pequenos processos químicos, seu corpo usa cada gene que você carrega de forma similar a como um músico utiliza um instrumento. Ele pode ser tocado mais alto ou mais suavemente. Pode ser tocado de modo mais rápido ou mais lento. E pode até mesmo ser tocado de diferentes maneiras, conforme a necessidade, de forma muito parecida como Yo-Yo Ma é capaz de fazer seu violoncelo Stradivarius de 1712 tocar qualquer coisa, de Brahms a *bluegrass*.

Isso é a *expressão* gênica.

Bem lá no fundo, dentro de nós, estamos todos fazendo exatamente a mesma coisa, remexendo as doses mínimas de energia biológica necessária para mudar a maneira como os genes se expressam em resposta às demandas de nossas vidas. E, assim como os músicos que permitiram que o acúmulo de suas experiências de vida e circunstâncias do momento afetassem a forma como tocam seus instrumentos, nossas células são guiadas – categoricamente – pelo que já foi feito e continua sendo feito a elas a todo instante.

Com isso em mente, vamos fazer um pequeno experimento: alongue-se um pouco. Movimente seu corpo. Encontre uma posição confortável. Agora concentre-se na respiração. Inspire, expire. E, após algumas respirações, diga em voz alta (ou, ao menos, sussurrando) que aquilo que você faz no mundo tem um grande valor para você e para aqueles ao seu redor. E então experimente como tudo isso lhe dá uma sensação de empoderamento – ou o faz se sentir tolo.

Aí. Nesse exato momento, dentro do seu corpo, seus genes estão atuando, respondendo ao que você acabou de realizar, desde o momento em que começou a se alongar. O movimento consciente é causado por sinais enviados do seu cérebro, passando pelo sistema nervoso, que fazem disparar seus neurônios motores ao longo de todo o trajeto até suas fibras musculares. No interior dessas fibras, proteínas denominadas actina e miosina estão dando uma espécie de beijo bioquímico, convertendo energia química em trabalho mecânico. E, com isso, seus genes devem entrar em ação, repondo os ingredientes químicos que são necessários a cada vez que seu cérebro ordena uma ação ou séries de ações, desde apertar o botão de volume do controle remoto até correr uma ultramaratona.

Seus pensamentos também estão sempre impactando seus genes, os quais precisam mudar ao longo do tempo para alinhar sua maquinaria celular dentro das expectativas que você estabeleceu e das experiências que vivenciou. Você está criando memórias. Emoções. Antecipação. Tudo isso é codificado, como uma anotação nas margens de um velho livro, no interior de nossas células. As centenas de trilhões de sinapses em seu cérebro que fazem com que isso aconteça são, todas elas, simplesmente junções entre neurônios e células, e os sinais usados para comunicar devem ser substituídos ao longo do tempo e alimentados com minúsculas doses de substâncias químicas criadas pelo seu corpo. E muitos de nossos neurônios estão de prontidão para criar novas conexões, assim como para manter algumas que já existem há décadas.

Tudo isso acontece em resposta às demandas da sua vida.

E tudo isso modifica você. Talvez seja apenas a diferença entre uma apogiatura e uma semicolcheia. Talvez seja algo ainda mais insignificante. Entretanto, por meio da flexibilidade de expressão, sua vida simplesmente mudou as melodias genéticas.

Está se sentindo especial? Você deveria. Mas tenha um pouco de humildade também. Porque, conforme estamos prestes a ver, esses tipos de mudanças podem ser encontrados em todas as formas de vida, das maiores às menores. Tampouco são apenas os seres vivos que são capazes de interferir na maneira como irão responder aos desafios da vida. Muitas empresas vêm empregando exatamente as mesmas estratégias para controlar seus mercados e modular suas produções.

Como veremos, algumas dessas estratégias foram criadas muito antes de você nascer, e vêm à tona cada vez que alguém pede a mão de alguém em casamento. Chegou o momento de eu lhe propor outra maneira de compreender a flexibilidade da expressão gênica.

* * *

Se você for um novato no mercado de pedras preciosas, ou se estiver à procura de aperfeiçoar seus conhecimentos na área, é bom que saiba um segredinho sobre o negócio dos diamantes: diferentemente de vários outros tipos de gemas, os diamantes não são tão raros assim.

É verdade. Há um monte de diamantes por aí. Muitos e muitos deles. Grandes. Pequenos. Azuis, rosa e negros.

Eles são extraídos de minas em todos os continentes, exceto a Antártica, embora pesquisadores australianos tenham relatado que encontraram recentemente o kimberlito, um tipo de rocha vulcânica que com frequência é rica em diamantes, próximo ao Polo Sul, então talvez seja meramente uma questão de tempo.[11]

Agora, caso você já tenha gasto alguns cheques comprando diamantes, e se souber um pouco sobre oferta e demanda, isso pode não fazer lá muito sentido. Se há tantos diamantes por aí, por que então eles são tão caros? Agradeça à De Beers por isso.

Essa empresa polêmica, que foi fundada em 1888 e cuja sede fica no grão-ducado de Luxemburgo, detém um dos maiores estoques de pedras preciosas do mundo – a maioria delas está guardada e se encontra indisponível. Controlando todo o processo, da mineração à produção e do processamento à fabricação, a De Beers praticamente deteve o monopólio mundial do ramo dos diamantes por muitas gerações, liberando apenas a quantidade certa de produtos para o comércio no momento exato, de modo a manter os preços altos e o mercado estável – e garantindo que uma pedra relativamente comum permanecesse preciosa aos olhos (e bolsos) daqueles que a possuem.[12]

Ardilosos truques de mercado deram conta do resto. Antes da Segunda Guerra Mundial, pouquíssimas pessoas trocavam alianças de noivado – e os diamantes eram apenas um dos tipos de pedras que poderiam estar nesses anéis. Mas, em 1938, a De Beers contratou um publicitário da Madison Avenue, chamado Gerold Lauck, para descobrir como convencer homens jovens de que um pedacinho brilhante de carbono bem comprimido era a única maneira de expressar um compromisso de noivado. Assim, por volta dos anos 1940, o marketing de Lauck tinha convencido boa parte do mundo ocidental de que os diamantes são de fato os melhores amigos de uma garota.[13]

O industrial Henry Ford teria adorado encurralar o mercado desse jeito. Ele certamente tentou fazê-lo, porém o produto e a produção de Ford eram tão complexos na época que ele não teve outra opção, senão lidar com diversos fornecedores.

Isso frustrava Ford imensamente. O Magnata do Povo, como era conhecido, talvez tenha sido o primeiro discípulo célebre da eficiência industrial, a qual hoje compreendemos ser enraizada em muitas das mesmas estratégias exploradas por nossos genomas através da expressão gênica. Não é de surpreender que Ford tenha despendido tanto tempo se dedicando a modernizar o processo o máximo possível.

"Comprando materiais, chegamos à conclusão de que não vale a pena comprar suprimentos além das necessidades imediatas", escreveu Ford em seu livro *My Life and Work*, publicado em 1922. "Nós compramos apenas o suficiente para seguir o plano de produção, levando em consideração as condições de transporte no momento."[14]

Infelizmente, lamentava Ford, as condições de transporte estavam longe do ideal. Se fossem ideais, dizia ele, "não seria necessário manter estoque algum. As cargas de materiais brutos transportadas sobre rodas chegariam nos prazos corretos, na ordem e quantidades planejadas, e seguiriam pelas vias férreas até os locais de produção. Isso economizaria um bom dinheiro, pois propiciaria um giro rápido e, dessa forma, reduziria a quantidade de dinheiro empatado em matéria-prima".

As palavras de Ford foram proféticas, mas ele foi para o túmulo sem ter conseguido solucionar esse problema. No fim, foram fabricantes de carros japoneses os responsáveis pela realização de grandes mudanças no sistema de produção, atrelando as cadeias de suprimentos à demanda imediata, um processo que hoje conhecemos como produção *just in time*, ou JIT. Segundo o folclore do mundo dos negócios, os executivos da Toyota tomaram conhecimento do processo JIT quando estiveram nos Estados Unidos na década de 1950, não pelas montadoras norte-americanas que vieram conhecer, e sim durante uma visitação à primeira mercearia self-service, chamada Piggly Wiggly. Uma das abordagens inovadoras dessa cadeia de mercearias era ter o produto automaticamente reposto no estoque assim que tivesse saído das prateleiras.[15]

Há muitos benefícios na utilização desse tipo de técnica, e um dos principais é que, quando executada da forma apropriada, ajuda a ganhar e a poupar muito dinheiro. Obviamente, ela não é desprovida de riscos, sendo um dos maiores deles o de que o processo inteiro se torna suscetível a imprevistos ligados aos suprimentos. Tais imprevistos podem ser eventos como desastres naturais ou greves de trabalhadores, que podem interromper a entrega de matérias-primas e, com isso, deixar uma fábrica completamente parada e os consumidores de mãos abanando. A Apple experimentou outro tipo de revés associado ao processo de produção JIT: uma onda sem precedentes de demanda por iPad Minis quase fez a empresa afundar, ao ameaçar sua capacidade de fabricar o produto, já que a empresa não conseguia obter os componentes e fazer com que chegassem às suas fábricas com a rapidez exigida.

Compreender como o mundo dos negócios emprega certas estratégias semelhantes à expressão gênica pode nos ajudar a entender as estratégias biológicas utilizadas pela maioria de nossas células para manter baixos os custos de viver. Assim como as corporações, nossos corpos trabalham com uma margem de lucro implacável. É isso que torna possível a continuidade de nossa existência.

E, nesse aspecto, utilizamos um modelo de operações mais próximo ao da Costco do que o do Walmart. Visto que existe um custo biológico a cada vez que utilizamos nossos genes para fazer qualquer coisa, temos como objetivo obter o máximo possível daquilo que fazemos. Assim como a Costco faz com seus empregados, nossa biologia está configurada para uma maior produtividade do trabalho. Isso significa que objetivamos ter o menor número possível de enzimas empregadas nas tarefas que precisam ser realizadas. As enzimas se comportam como máquinas moleculares microscópicas, e são um exemplo de estruturas codificadas por nossos genes. Algumas enzimas são capazes de acelerar processos químicos, enquanto outras, como o pepsinogênio, quando ativadas, nos ajudam a digerir nossas refeições ricas em proteínas. Outras enzimas, como aquelas que pertencem à família P450, têm ação desintoxicante sobre venenos que podemos estar ingerindo consciente ou inconscientemente.

Em geral, produzimos apenas o que precisamos, e quando precisamos, e procuramos manter uma quantidade mínima daquilo que armazenamos. E fazemos isso por meio da expressão gênica.

Assim como acontece com os diamantes, que demandam milhões de anos e muito esforço para serem criados, a produção das enzimas tem um custo biológico alto. Para reduzir o custo de produção, muitas de nossas enzimas podem ser induzidas. Isso significa que, quando necessitamos de certas enzimas, nosso corpo consegue mobilizar uma quantidade maior de recursos para fabricar mais delas quando solicitado, produzindo em série o equivalente biológico dos iPad Minis, de modo a atender a um aumento da demanda. Você pode ter herdado os genes para uma determinada enzima, mas isso nem sempre é uma garantia de que seu corpo irá utilizá-la.

Existe uma boa chance de que você tenha experimentado isso em algum momento de sua vida, sem estar ciente de seu papel ativo no processo. Se você alguma vez já abusou do álcool – por exemplo, ao longo de um feriadão –, então você já passou por isso. Em resposta ao seu festejo, as células do seu fígado fizeram hora extra para conseguir fabricar todas as enzimas necessárias para lidar com aquele inesperado dilúvio de margaritas.

Os meios para um aumento de produção a fim de atender à demanda – nesse caso, de álcool desidrogenase para quebrar o etanol – estão sempre disponíveis, latentes nas células do seu fígado, prontos para seu próximo porre. Mas tal enzima pode não estar estocada em grandes quantidades, pois, assim como produtos extras sem uso no chão de uma fábrica, as enzimas não só ocupam espaço, como também têm um custo para serem produzidas e mantidas quando você não está bebendo em excesso.

Quase todo o mundo biológico segue a mesma lógica, de otimizar o custo de viver. E é preciso que seja assim. Gaste toda sua energia em enzimas que não irá utilizar, e você estará desviando recursos preciosos que precisam estar disponíveis para outras preocupações cotidianas, como o processo contínuo da plasticidade cerebral.

Os astronautas são um grande exemplo disso. Assim que chegam à Estação Espacial Internacional, seus corações podem encolher até um quarto do tamanho original.[16]

Da mesma maneira que você economizaria bastante em combustível se trocasse um Ford Mustang muito possante, com motor de trezentos cavalos, por um Mini Cooper com menos da metade da potência, o ambiente desprovido de peso que é o espaço sideral mostra que os astronautas não necessitam de uma máquina cardíaca tão grande.* Entretanto, é também por isso que ao retornar

---

* O coração utiliza muita energia para movimentar nosso sangue contra a força da gravidade. Em órbita, nosso sangue passa a não ter peso, e assim conseguimos o mesmo nível de circulação com muito menos força. É por isso que no espaço podemos viver com um coração bem menor.

à Terra e voltar a lidar com a gravidade, os viajantes do espaço costumam ficar tontos, e, por vezes, perdem a consciência: seus corações, como um Mini tentando subir uma estrada montanhosa muito íngreme, simplesmente não conseguem bombear sangue suficiente – e o oxigênio que este carrega – para cima, em direção ao cérebro.

Para que seu coração encolha não é preciso que você viaje até uma estação espacial. Bastam algumas semanas de cama para que ele comece a atrofiar.[17] Mas nosso corpo também é inacreditável no que diz respeito à capacidade de recuperação; é preciso apenas convencê-lo de que precisamos de potência. E nem sempre isso exige uma grande habilidade de persuasão, pois nossas células são incrivelmente maleáveis. O que fazemos todos os dias faz uma grande diferença em relação àquilo que nossos genes ordenarão que elas façam – o que é apenas mais uma motivação genética para você se levantar desse sofá.

Antes de deixarmos para trás a expressão gênica, há uma última coisa que eu gostaria que explorássemos juntos.

*　*　*

À primeira vista, o *Ranunculus flabellaris* pode não parecer grande coisa. O ranúnculo-amarelo aquático, que cresce de forma prolífica em áreas pantanosas dos Estados Unidos e do sul do Canadá, não desperta muito interesse. No entanto, quando encontramos uma delas, aquilo para o que olhamos é uma planta capaz de mudar completamente a própria aparência, dependendo de quão perto ela se encontre da água – um comportamento chamado heterofilia.

O ranúnculo geralmente cresce às margens de rios, que podem ser um lugar um tanto precário para uma planta, visto que são propensas a inundações em todas as estações. Isso poderia ser fatal para uma florzinha tão delicada, mas viver nesse hábitat não detém essa planta. Ao contrário, permite que ela viceje, pois a expressão gênica confere a ela a habilidade de alterar completamente o formato de suas folhas – de lâminas arredondadas a pilosidades filamentosas, capazes de fazê-la flutuar, caso o rio transborde sobre as margens.[18]

Quando essa alteração ocorre, o genoma do ranúnculo permanece o mesmo. Aos olhos de um passante, ele pode parecer uma planta completamente distinta, mas lá no fundo os genes não mudaram. Apenas seu fenótipo expresso, ou aparência observável, sofre alterações.

E, assim como o corpo de um astronauta pode mudar de Mustang para Mini Cooper e depois de volta para Mustang, conforme as condições a que é exposto, uma mudança no ambiente do ranúnculo – o nível de água do rio baixando com a troca de estação – faz com que a planta volte ao tipo anterior de crescimento das folhas. É tudo uma questão de sobrevivência.

A expressão é apenas uma entre muitas estratégias que plantas, insetos, animais e até mesmo humanos empregam para lidar com os rigores da vida. Em todas elas, contudo, um elemento é crucial: a flexibilidade.

HERANÇA

O que estamos aprendendo agora é que nossos genes são parte de uma rede flexível maior. Isso contraria boa parte do que nos ensinaram a respeito de nossas identidades genéticas. Nossos genes não são tão fixos e rígidos como a maioria de nós foi levada a acreditar. Se assim o fossem, não seríamos capazes de nos ajustar – assim como faz o ranúnculo-amarelo aquático – às demandas sempre em movimento de nossas vidas.

O que Mendel não conseguiu ver em suas ervilhas, e que gerações de geneticistas continuaram sem perceber após a morte dele, é que não é apenas aquilo que nossos genes nos dão que importa, mas também aquilo que nós damos aos genes. Pois o que acontece é que o meio pode superar a natureza.

E, como veremos em breve, isso acontece o tempo inteiro.

CAPÍTULO 3

MODIFICANDO NOSSOS GENES

Como os traumas, o bullying e a geleia real alteram nosso destino genético

A maioria das pessoas conhece o trabalho de Mendel com ervilhas. Alguns já ouviram falar de seu trabalho descontinuado com camundongos. Mas o que quase ninguém sabe é que Mendel também lidou com abelhas, as quais ele chamava de "meus animais mais queridos".

Quem pode culpá-lo por tal adulação? Abelhas são criaturas extremamente fascinantes e belas, e, além disso, podem nos ensinar muito sobre nós mesmos. Por exemplo, você já teve a oportunidade de testemunhar a impressionante e terrível visão de uma colônia inteira de abelhas de mudança? Em algum lugar no meio daquele furacão etéreo há uma rainha que deixou a colmeia.

Quem é ela, para merecer tanta pompa?

Bem, dê uma boa olhada. Para começo de conversa, assim como as modelos do mundo da moda, as rainhas apresentam corpos e pernas mais longos que suas irmãs operárias. Elas são mais esbeltas e têm abdomens lisos e não pilosos. Por precisarem com frequência se proteger de golpes de estado entomológicos liderados por jovens abelhas arrogantes, as rainhas têm ferrões que podem ser reutilizados, se necessário, o que não acontece com as abelhas operárias, que morrem após terem feito um único uso de seu ferrão. Abelhas rainhas podem viver por anos, embora algumas de suas operárias vivam apenas poucas semanas. Elas também conseguem pôr milhares de ovos em um dia, enquanto todas as suas necessidades reais são atendidas por operárias estéreis.*

Então, sim, ela meio que é de fato a rainha da cocada preta.

Dadas as incríveis diferenças que existem entre elas, você poderia facilmente presumir que as rainhas se diferem geneticamente das operárias. Isso faria sentido; afinal de contas, os traços físicos delas se diferem consideravelmente dos de suas irmãs operárias. Mas, se você observar mais profundamente – na profundidade do DNA –, verá uma história completamente distinta. A verdade é que, do ponto de vista genético, a rainha nada tem de especial. Uma abelha rainha e suas fêmeas operárias podem vir dos mesmos pais, e podem ter um DNA idêntico. Ainda assim, suas diferenças comportamentais, anatômicas e fisiológicas são profundas.

Por quê? Porque as larvas que se tornarão rainhas se alimentam melhor.

É isso. Nada mais. O alimento que elas ingerem modifica sua expressão gênica – nesse caso, por meio

---

* As abelhas operárias podem, em determinadas ocasiões, pôr ovos que resultam em zangões (abelhas machos). Mas, dada a complexidade de sua genética reprodutiva, as operárias são incapazes de pôr ovos que venham a se tornar abelhas fêmeas.

de genes específicos que são ativados ou desativados, um mecanismo que chamamos de epigenética. Quando a colônia decide que é hora de ter uma nova rainha, elas escolhem algumas poucas larvas sortudas e as banham em geleia real, uma secreção rica em proteínas e aminoácidos produzida por glândulas da boca de abelhas operárias jovens. Inicialmente, todas as larvas dão uma provadinha na geleia real, mas as operárias são rapidamente desmamadas. As princesinhas, no entanto, comem, comem e comem até emergirem como uma casta de sangue azul, de elegantes imperatrizes. Aquela que primeiro assassinar todas as suas irmãs reais será a nova rainha.

Os genes delas nada têm de diferentes. Mas a expressão gênica delas? Realeza pura.[1]

Os criadores de abelhas sabem há séculos – talvez mais – que as larvas banhadas em geleia real produzirão rainhas. Entretanto, até que o genoma da abelha-europeia, *Apis mellifera*, fosse sequenciado em 2006 e os detalhes específicos da diferenciação de castas fossem pesquisados em 2011, ninguém sabia explicar por que exatamente isso ocorria.

Como todas as demais criaturas desse planeta, as abelhas partilham várias sequências genéticas com outros animais – inclusive conosco. E os pesquisadores não tardaram a perceber que um desses códigos compartilhados era para a DNA-metil-transferase, ou Dnmt3, que nos mamíferos pode modificar a expressão de certos genes através de mecanismos epigenéticos.

Quando os pesquisadores utilizaram substâncias químicas para desativar a Dnmt3 em centenas de larvas, eles obtiveram uma casta inteira de rainhas. Quando eles a reativaram em outra leva de larvas, todas elas se tornaram operárias. Então, ao invés de terem um pouco mais de algo que suas operárias – que era o que se esperaria –, as rainhas na verdade têm um pouco menos: a geleia real que as rainhas comem tanto, ao que parece, apenas diminui o botão de volume do gene que transforma as abelhas em operárias.[2]

É evidente que nossa dieta difere da dieta das abelhas, mas elas (e os inteligentes pesquisadores que as estudam) nos proporcionaram um monte de exemplos incríveis de como nossos genes se expressam para atender às demandas de nossas vidas.[3]

Assim como os humanos, que ao longo de suas vidas desempenham uma série de papéis – de estudantes a trabalhadores, e destes a anciãos da comunidade –, as abelhas operárias também seguem um padrão previsível do nascimento à morte. Elas começam como mantenedoras do lar e cuidadoras, limpando a colmeia e, quando necessário, descartando suas irmãs mortas para proteger a colônia de doenças. Em sua maioria elas se tornam babás, trabalhando em regime de cooperação para vigiar as larvas da colmeia mais de mil vezes por dia. E então, quando vai chegando a idade madura de duas semanas, elas saem da colmeia em busca de néctar.

Uma equipe de cientistas da John Hopkins University e da Arizona State University sabia que em algumas situações, quando mais abelhas babás se fazem necessárias, as abelhas forrageadoras retomam essa tarefa. Os cientistas queriam saber o porquê. Assim, eles atentaram para as diferenças na expressão gênica, que pode ser detectada buscando por "marcadores" químicos que repousam acima de certos genes. E de fato, quando eles compararam as babás com as forrageadoras, esses marcadores estavam em locais diferentes em mais de 150 genes.

Então, eles planejaram uma pequena brincadeira. Quando as forrageadoras estavam fora, em busca de néctar, os pesquisadores removeram as babás. Não estando dispostas a permitir que seus pequeninos fossem negligenciados, ao retornar, as abelhas forrageadoras imediatamente retomaram seus deveres de babás. E, de forma praticamente imediata, seu padrão de expressão de marcadores genéticos se alterou.[4]

Genes que não estavam sendo expressos anteriormente passaram a ser. Genes que antes se expressavam pararam de fazê-lo. As forrageadoras não estavam simplesmente realizando outra tarefa; elas estavam cumprindo um destino genético distinto.

Certo, nós podemos não ser parecidos com abelhas. E podemos não perceber o mundo da mesma forma que elas. Mas partilhamos com as abelhas uma quantidade espantosa de semelhanças genéticas, incluindo o Dnmt3.[5]

E, assim como acontece com essas abelhas, nossas vidas podem ser fortemente impactadas pela expressão gênica, para melhor ou para pior.

Vejamos o espinafre, por exemplo. Suas folhas são ricas em um composto químico chamado betaína. Seja no ambiente selvagem ou em um cultivo, a betaína ajuda as plantas a lidar com o estresse ambiental, como em situações de escassez de água, alta salinidade ou temperaturas extremas. No seu corpo, porém, a betaína pode se comportar como um doador de metil, fazendo parte de uma cadeia de eventos químicos que deixam uma marca em nosso código genético. Os pesquisadores da Oregon State University descobriram que, em muitas pessoas que comem espinafre, as mudanças epigenéticas podem ajudar a influenciar a maneira como suas células combatem mutações genéticas causadas por um carcinogênico na carne cozida. Na verdade, em testes envolvendo animais de laboratório os pesquisadores foram capazes de reduzir à metade os casos de câncer de cólon.[6]

De maneira sutil, porém importante, os compostos contendo espinafre podem instruir as células do nosso corpo a se comportarem de forma diferente – da mesma maneira que a geleia real instrui as abelhas a se desenvolverem de forma diferente. Então, sim, o ato de comer espinafre parece ser capaz de modificar a expressão dos seus próprios genes.

* * *

Você se lembra de quando eu disse que se o bispo Schaffgotsch não tivesse censurado o estudo de Mendel com camundongos, este último poderia ter tropeçado em algo até mais revolucionário que sua teoria da hereditariedade? Bem, agora pretendo contar a você como a tal ideia surgiu.

Em primeiro lugar, levou tempo. Mais de noventa anos haviam se passado desde a morte de Mendel quando, em 1975, os geneticistas Arthur Riggs e Robin Holliday, trabalhando, separada e respectivamente, nos Estados Unidos e na Grã-Bretanha, chegaram de forma quase simultânea à ideia de que, embora os genes fossem de fato fixos, talvez pudessem ser expressos de maneiras diferentes em resposta a uma combinação de estímulos, produzindo desse modo uma gama de traços, em vez das características fixas que costumamos associar à herança genética.

Subitamente, a ideia de que a forma como os genes são herdados só podia ser alterada pelo lento e heroico processo de mutação estava sendo contestada. Entretanto, da mesma maneira que as ideias de Mendel haviam sido completamente ignoradas, o mesmo aconteceu com as teorias propostas por Riggs e Holliday. Mais uma vez, uma teoria sobre genética que estava à frente de seu tempo fracassava em conseguir adesão.

Seria necessário que se passasse mais um quarto de século até que essas ideias – e suas implicações profundas – conquistassem aceitação mais ampla. E isso se deu como resultado do trabalho impactante de um cientista com cara de querubim, chamado Randy Jirtle. Assim como Mendel, Jirtle suspeitava de que havia mais nos mecanismos de herança do que aquilo que seus olhos viam. E, também como Mendel, Jirtle pressentia que as respostas pudessem ser encontradas em camundongos.

Realizando experimentos com camundongos agouti, portadores de um gene que confere a eles um corpo rechonchudo e uma coloração laranja-vivo, como um Muppet, Jirtle e seus colaboradores na Duke University fizeram uma descoberta que, para a época, foi surpreendente. Apenas alterando a dieta das fêmeas com a adição de alguns nutrientes, como a colina, a vitamina B12 e o ácido fólico logo após a concepção, as proles de tais fêmeas resultavam em animais menores, com pintas marrons e aparência de camundongos comuns. Os pesquisadores descobririam posteriormente que esses camundongos eram também menos suscetíveis ao câncer e à diabetes.

Exatamente o mesmo DNA, criaturas completamente distintas. E essa diferença era apenas uma questão de expressão. Basicamente, uma modificação na dieta da mãe havia marcado o código genético de sua prole com um sinal para desativar o gene agouti, e esse gene desativado foi, então, transmitido hereditariamente e passado às próximas gerações.

Mas isso foi apenas o começo. No mundo acelerado da genética do século XXI, os experimentos de Jirtle já foram reprisados inúmeras vezes. Todos os dias estamos aprendendo novas formas de alterar a expressão gênica – em camundongos e humanos. A questão já não é se somos capazes de intervir; isso já é ponto pacífico. Agora estamos examinando como fazê-lo por meio de novas drogas – que já foram aprovadas para uso humano –, com a esperança de que resultem em vidas mais longas e saudáveis para nós e nossos filhos. O assunto sobre o qual Riggs e Holliday teorizaram, e que Jirtle e seus colaboradores conduziram à aceitação popular, é hoje conhecido como epigenética.

Grosso modo, a epigenética é o estudo das mudanças na expressão gênica em decorrência das condições de vida, como no caso das larvas de abelhas melíferas criadas com geleia real, sem resultar em alterações no DNA subjacente. Uma das áreas que mais têm se desenvolvido e das mais excitantes no estudo da epigenética é a da herdabilidade, a investigação de como essas mudanças podem impactar a próxima geração, e cada geração seguinte, da linhagem.

★ ★ ★

Uma das formas comuns de alteração na expressão gênica é por meio de um processo denominado metilação. Existem muitas maneiras pelas quais o DNA pode ser modificado sem que a sequência de letras de nucleotídeos subjacente sofra alterações. A metilação funciona através do uso de um composto químico em formato de trevo de três folhas, feito de hidrogênio e carbono, que se liga ao DNA alterando a estrutura genética de maneira tal que programa nossas células para que sejam aquilo que deveriam ser e façam o que deveriam fazer – ou para que façam o que foram programadas para fazer pelas gerações anteriores. As "marcações" de metilação que ativam e desativam genes podem nos causar câncer, diabetes e defeitos de nascimento. Mas não se desespere, pois elas também podem afetar a expressão gênica de modo a nos proporcionar mais saúde e maior longevidade.

E essas mudanças epigenéticas parecem ter consequências em alguns lugares inesperados. Por exemplo, em um acampamento de verão para jovens que querem emagrecer.

Pesquisadores de genética decidiram acompanhar um grupo de duzentos adolescentes espanhóis que se internaram por dez semanas em busca de vitória na luta contra a balança. O que os geneticistas descobriram foi que tinham condições de fazer uma engenharia reversa na experiência do acampamento de verão e prever quais dos adolescentes perderiam mais peso, com base em seu padrão de metilação, ou seja, na forma como os genes de tais adolescentes eram ativados ou desativados, em cerca de cinco partes de seus genomas antes mesmo de irem para o lugar.[7] Alguns dos jovens estavam epigeneticamente aparelhados para perder peso durante essa temporada, enquanto outros iriam mantê-lo, mesmo aderindo à dieta conduzida pelos monitores.

Estamos agora descobrindo como aplicar o conhecimento obtido por meio de estudos semelhantes para tirar o máximo de proveito de nossas constituições epigenéticas singulares. O que as marcações de metilação dos adolescentes nos ensinam é a importância de conhecermos nosso epigenoma no que diz respeito à perda de peso e a diversas características. Aprendendo com as moças e os rapazes do acampamento, podemos começar a mapear nossos epigenomas, de modo a obter as informações de que precisamos para traçar a estratégia mais eficaz para a perda de peso. Para muitos isso pode significar a economia de somas exorbitantes que se costumam gastar em viagens similares e que costumam resultar em fracassos.

Entretanto, longe de ser estático, nosso epigenoma, juntamente com o DNA que herdamos, pode também ser impactado pelo que fazemos aos nossos genes. Estamos aprendendo rapidamente que modificações epigenéticas, como a metilação, são notavelmente suscetíveis a intervenções. Nos últimos anos, os geneticistas vêm vislumbrando algumas maneiras de estudar e, até mesmo, de reprogramar os genes metilados: ativá-los e desativá-los, ou ajustar o volume para mais ou para menos.

Mudar o volume de nossa expressão gênica pode significar a diferença entre um tumor benigno e uma malignidade devastadora.

Essas mudanças epigenéticas podem ser causadas pelas pílulas que tomamos, pelos cigarros que fumamos, pelas bebidas que consumimos, pelos exercícios físicos que fazemos, pelas radiografias às quais nos submetemos.

E podem também ser promovidas pelo estresse.

Dando prosseguimento às descobertas realizadas por Jirtle, pesquisadores de Zurique desejavam saber se traumas ocorridos no início da infância poderiam impactar a expressão gênica. Para isso, roubaram filhotinhos de camundongo de suas mães por três horas, e em seguida devolveram às mamães aqueles bichinhos cegos, surdos e pelados. No dia seguinte, repetiram o procedimento. Então, após 14 dias consecutivos, eles interromperam o procedimento. Finalmente, como acontece a todos os camundongos, os pequeninos desenvolveram visão e audição, cresceram alguns pelos, e eles se tornaram adultos. Entretanto, havendo sofrido duas semanas de tormentos, esses filhotes se transformaram em adultos significativamente desajustados. Em particular, pareciam ter muita dificuldade para avaliar locais potencialmente perigosos. Quando colocados em situações adversas, em vez de lutar ou avaliar a situação de modo a escolher uma ação adequada, eles simplesmente desistiam. E eis a parte mais incrível: eles transmitiam esses comportamentos à sua própria prole – e, a partir daí, à prole de sua prole –, mesmo que não tivessem qualquer envolvimento no processo de criar os filhotes.[8]

Em outras palavras, o trauma de uma geração estava geneticamente presente nas duas gerações seguintes. Incrível.

É muito importante lembrar que o genoma de um camundongo é cerca de 99% semelhante ao nosso. E os dois genes impactados no estudo realizado em Zurique – chamados de *Mecp2* e *Crfr2* – são comuns a camundongos e a seres humanos.

Obviamente, não podemos ter certeza de que aquilo que acontece aos camundongos também acontecerá aos humanos até que de fato vejamos acontecer. Esse pode ser um grande desafio, pois nossas vidas relativamente longas tornam difícil conduzir testes que explorem mudanças geracionais, e, no que concerne aos humanos, é muito mais difícil separar o inato do adquirido.

Todavia, isso não significa que não encontramos modificações genéticas relacionadas ao estresse em humanos. É certo que já as encontramos.

★ ★ ★

HERANÇA

Você se lembra de quando eu te pedi para voltar ao ensino médio? Para alguns de nós, regredir tanto assim na memória pode evocar algumas lembranças particularmente desagradáveis – eventos os quais, se tivéssemos escolha, preferiríamos não recordar. É difícil obter números exatos, mas acredita-se que pelo menos três quartos de todas as crianças já sofreram bullying em algum momento de suas vidas, o que significa que há uma boa chance de que você próprio tenha passado por uma experiência infeliz dessa ao longo do seu crescimento. Uma vez que desde então muitos de nós nos tornamos pais ou mães, as preocupações quanto às experiências e à segurança de nossos próprios filhos – tanto na escola como além dos muros desta – só aumentaram.

Até muito recentemente, pensava-se e discutia-se a respeito das sérias e duradouras ramificações do bullying em termos predominantemente psicológicos. Todos concordam que o bullying pode deixar cicatrizes mentais muito significativas. A imensa dor psíquica experimentada por algumas crianças e adolescentes pode levá-los a considerar ou até mesmo a executar danos físicos a si próprios.

Mas e se os bullyings que sofremos tiverem consequências mais profundas do que simplesmente nos sobrecarregar com alguma bagagem psicológica séria? Bem, para responder a essa pergunta um grupo de pesquisadores do Reino Unido e do Canadá decidiu estudar duplas de gêmeos "idênticos" monozigóticos desde os 5 anos. Além de terem DNA idêntico, cada par de gêmeos nesse estudo não havia sofrido bullying até aquele momento de suas vidas.

Para o seu alívio, diferentemente do que aconteceu aos camundongos suíços, os pesquisadores que estudaram essas crianças não foram autorizados a traumatizá-las. Em vez disso, eles deixaram que outras crianças fizessem o trabalho científico sujo.

Depois de esperarem pacientemente por alguns anos, os cientistas revisitaram as duplas de gêmeos nas quais apenas um dos irmãos havia sofrido bullying. Quando eles examinaram o passado das crianças, se depararam com o seguinte quadro: naquele momento, aos 12 anos, havia uma diferença epigenética marcante que não existia quando as crianças tinham 5 anos. Os pesquisadores encontraram mudanças significativas apenas no gêmeo de cada par que havia sido vítima de bullying. Isso significa, em termos genéticos nada imprecisos, que o bullying representa um risco para jovens e adolescentes que não se limita a tendências de ferir a si mesmo; ele de fato modifica a forma como nossos genes funcionam e como eles moldam nossas vidas – e, provavelmente, o que passamos às gerações futuras.

Como é a aparência dessa mudança em termos genéticos? Bem, na média, no gêmeo que sofreu bullying um gene chamado *SERT*, que codifica uma proteína que ajuda a transportar o neurotransmissor serotonina para o interior dos neurônios, tinha uma metilação de DNA significativamente maior em sua região promotora. Acredita-se que essa mudança ajuste para baixo a quantidade de proteína que pode ser fabricada a partir do gene *SERT*. Isso significa que, quanto mais metilado, mais estará "desligado".

HERANÇA

Tais descobertas são importantes porque acredita-se que essas modificações epigenéticas possam persistir ao longo da vida. Isso quer dizer que, mesmo que você não lembre em detalhes os momentos em que sofreu bullying, seus genes certamente lembram.

Mas isso não foi tudo que os pesquisadores descobriram. Eles também queriam saber se havia mudanças psicológicas entre os gêmeos acompanhando as mudanças genéticas observadas. Para investigar isso, submeteram os gêmeos a determinados testes situacionais, incluindo falar em público e aritmética mental – experiências que a maioria de nós considera estressante e preferiria evitar. Eles descobriram que um dos gêmeos – aquele que com um histórico de bullying e a alteração epigenética correspondente – apresentou uma produção de cortisol muito mais baixa quando exposto a essas situações desagradáveis. O bullying havia não apenas calibrado o gene *SERT* dessas crianças para um grau mais baixo, mas também diminuído seus níveis de cortisol diante do estresse.

De início, isso pode parecer contraintuitivo. O cortisol é conhecido como o hormônio do "estresse", e costuma ficar elevado nestas situações. Por que, então, tal substância seria embotada no gêmeo que tinha um histórico de exposição ao bullying? Você não esperaria que ele ficasse *mais* estressado em uma situação como essa?

A coisa fica um pouco complicada, mas segure firme: como resposta ao trauma de bullying constante, o gene *SERT* do gêmeo exposto pode alterar o eixo hipotalâmico-pituitário-adrenal (HPA), que normalmente nos ajuda a lidar com os estresses e fracassos do dia a dia. E, de acordo com os resultados obtidos pelos cientistas no gêmeo exposto ao bullying, quanto mais alto o grau de metilação, mais o gene *SERT* é desativado. Quanto mais desativado ele for, mais embotada será a produção de cortisol. Para ajudar a compreender a profundidade dessa reação genética, saiba que esse tipo de resposta de cortisol embotada é também encontrado em pessoas com transtorno do estresse pós-traumático (TEPT). Uma pitada de cortisol pode nos ajudar a atravessar uma situação difícil. Mas ter muito cortisol no corpo por muito tempo pode causar um curto-circuito em nossa fisiologia. Assim, ter desenvolvido uma baixa produção de cortisol em resposta ao estresse era a reação epigenética dos gêmeos ao serem submetidos a bullying dia após dia. Em outras palavras, o epigenoma de um dos gêmeos havia mudado, de modo a protegê-lo dos efeitos da alta concentração de cortisol por muito tempo. Esse ajuste é uma adaptação epigenética benéfica nessas crianças, que as auxilia a sobreviver a situações de bullying constante. As implicações disso são simplesmente estarrecedoras.

Muitas de nossas respostas genéticas à vida funcionam de maneira semelhante, favorecendo o curto, e não o longo prazo. Sem dúvida, é mais fácil anestesiar nossa resposta ao estresse permanente no curto prazo, mas em termos de efeitos a longo prazo as mudanças epigenéticas que causam embotamento de cortisol duradouro podem provocar condições psiquiátricas sérias, como depressão e alcoolismo. E não quero apavorar você, leitor, mas essas alterações epigenéticas têm boa probabilidade de serem herdáveis pela geração seguinte. Se encontramos esse tipo de mudanças em indivíduos como o gêmeo que sofreu bullying, então o que dizer de eventos traumáticos que afetam grandes porções da população?

* * *

Tudo começou, tragicamente, em uma manhã límpida e ensolarada de terça-feira na cidade de Nova York. Mais de 26 mil pessoas morreram no interior ou nas proximidades das torres do World Trade Center, no dia 11 de setembro de 2001. Muitos daqueles que estavam em áreas próximas ao ataque ficaram traumatizados a ponto de desenvolver quadros de transtorno de estresse pós-traumático nos meses e anos que se seguiram.

E, para Rachel Yehuda, professora de psiquiatria e neurociência da Divisão de Estudos em Estresse Traumático do Mount Sinai Medical Center, em Nova York, essa terrível tragédia apresentou uma oportunidade científica ímpar. Fazia um bom tempo que Rachel sabia que as pessoas com TEPT costumavam apresentar níveis mais baixos de cortisol. Ela havia visto esse efeito pela primeira vez em veteranos de guerra, que estudara na década de 1980. Por isso, sabia por onde deveria começar quando passou a examinar amostras de saliva coletadas de mulheres que estavam perto das Torres Gêmeas no 11 de Setembro e que se encontravam grávidas naquele momento.

Na verdade, as mulheres que acabaram por desenvolver TEPT tinham níveis significativamente mais baixos de cortisol. O mesmo se deu com seus bebês após o nascimento, especialmente aqueles que já estavam no terceiro trimestre de desenvolvimento quando ocorreu o ataque.

Esses bebês cresceram, e Rachel e seus colaboradores continuam a investigar como foram impactados pelos ataques. Eles foram capazes de concluir que os filhos das mães traumatizadas têm maior probabilidade de se sentirem estressados que os outros.[9]

O que tudo isso significa? Somando esses dados àqueles já obtidos com estudos envolvendo animais, é possível concluir com segurança que os genes não esquecem as experiências, mesmo muito tempo depois de termos buscado a ajuda de um terapeuta e sentir que as superamos. Nossos genes continuam registrando e mantendo o trauma.

Assim, a questão permanece: nós transmitimos ou não a experiência traumática – seja ela o bullying ou o 11 de Setembro – para a próxima geração? Costumávamos pensar que quase todas essas marcas ou anotações epigenéticas feitas em nosso código genético, como aquelas incluídas nas margens de uma pauta musical, eram zeradas e removidas antes da concepção. Conforme nos preparamos para deixar Mendel para trás, estamos agora aprendendo que as coisas provavelmente não funcionam como pensávamos.

Também está se tornando claro que na verdade existem janelas de suscetibilidade epigenética no desenvolvimento embrionário. No interior dessas importantes molduras temporais, os fatores de estresse, como uma nutrição pobre, afetam como os genes serão ativados ou desativados, impactando em nosso epigenoma. É isso mesmo: nossa herança genética é impressa durante momentos cruciais de nossa existência fetal.

Quando exatamente tais momentos ocorrem, ninguém sabe ainda precisar. Por isso, por questões de segurança, as mães agora têm uma motivação genética para controlar suas dietas e níveis de estresse de modo consistente durante a gestação. Pesquisas vêm demonstrando, inclusive, que fatores como a obesidade da mãe durante a gestação podem causar uma reprogramação metabólica no bebê, que o coloca sob o risco de condições como diabetes.[10] Essas descobertas fortalecem ainda mais um movimento, que vem crescendo na obstetrícia e na medicina materno-fetal, que desencoraja mulheres grávidas a comerem por dois. E, como no exemplo dos camundongos suíços traumatizados, vimos que muitas dessas modificações epigenéticas podem ser transmitidas de uma geração para a seguinte. Isso me faz pensar que existe uma grande probabilidade de, nos próximos anos, termos grandes evidências de que os humanos não são imunes a esse tipo de herança epigenética traumática.

Nesse meio-tempo, dada a imensa quantidade de conhecimento que temos acumulado sobre o verdadeiro significado da herança e o que podemos fazer para influenciar nosso legado genético – positivamente (talvez o espinafre) e também negativamente (o estresse, ao que parece) –, você não precisa se sentir desamparado. Embora talvez não seja sempre possível nos libertarmos por completo de nossa herança genética, quanto mais aprendemos, mais conseguimos compreender que as escolhas feitas por cada um de nós podem fazer uma grande diferença nessa geração, na próxima, e provavelmente em todas as seguintes.

Porque o que sabemos, sem sombra de dúvida, é que aquilo que somos é a culminação genética de nossas experiências de vida, assim como de cada evento que nossos pais e ancestrais vivenciaram e aos quais sobreviveram – desde os mais alegres aos mais angustiantes. Examinando nossa capacidade de alterar nosso destino genético por meio das escolhas que fazemos, e, assim, passar essas alterações adiante para as próximas gerações, nos encontramos agora em um momento que representa um desafio completo às crenças mendelianas que compartilhamos até hoje a respeito da herança.

CAPÍTULO 4

PEGAR OU LARGAR
Como a vida e os genes conspiram para constituir e quebrar nossos ossos

Médicos e traficantes de drogas. Aparentemente, essas são as únicas pessoas que continuam usando *pagers*. E quando confiro meu aparelho após ele ter bipado em um restaurante lotado ou na entrada do cinema, muitas vezes me pergunto o que as pessoas devem estar pensando.

Quando tocou certa manhã, há pouco tempo, estava quase chegando a minha vez na longa fila do Starbucks, no átrio barulhento de um hospital. Da posição em que me encontrava, eu quase teria sido capaz de pegar um daqueles copos de papelão e escrito meu pedido nele, mas a pessoa na minha frente estava pedindo um americano venti com gelo, um mocha light frappuccino ou qualquer coisa do tipo, com toda a calma do mundo.

Tão perto, tão longe.

Recuei um passo para responder à mensagem. A mulher do outro lado da linha pertencia à equipe de pediatria que estava cuidando de uma pequena paciente com fraturas ósseas múltiplas. Ela me perguntou se eu poderia comparecer à consulta de uma garotinha. Eles estavam terminando um procedimento de rotina, mas estariam prontos para me receber em mais ou menos 15 minutos. Rabisquei o número do quarto do hospital em um guardanapo e voltei para a fila, que havia crescido um bocado durante os dois minutos em que eu havia me retirado dela para atender à mensagem.

Não me importei, de verdade. Os minutos extras na fila me deram o tempo de que eu precisava para coordenar meus pensamentos. Comecei a pensar no algoritmo internalizado para fraturas recorrentes em uma criança pequena – *se isso, então aquilo... Se aquilo, então isso...* – que me ajudaria a avaliar a condição dela.

E, conforme fazia isso, eu pensava a respeito da conexão especial que nossos ossos fazem com o restante do corpo.

De decorações de plástico de jardim para o Halloween até *Os piratas do Caribe,* todos nós já tivemos milhares de oportunidades para nos familiarizarmos com esqueletos. Essa familiaridade coletiva – mesmo que você não saiba o nome de um único dos 206 ossos do seu corpo, você provavelmente é capaz de desenhar um mapa bem básico de seu esqueleto – torna fácil visualizá-los quando pensamos sobre como nossos corpos respondem às demandas incessantes da vida.

Como a maioria dos sistemas do nosso corpo, o esqueleto segue o dito "pegar ou largar" da vida biológica. Em resposta às nossas ações ou inações, nossos genes podem ser convocados para pôr em ação processos que nos proporcionarão ossos fortes e maleáveis ou ossos porosos e quebradiços como giz. Dessa maneira, nossas experiências de vida afetam nossos genes.

HERANÇA

Mas nem todos nós herdamos o *know-how* genético para criar os tipos de ossos necessários para a flexibilidade esquelética que a vida requer. Era o que eu pressupunha que fosse o caso enquanto, com o copo de chá quente finalmente na mão, eu me dirigia ao sétimo andar e batia à porta do quarto da paciente. Na cama à minha frente, de cabelos pretos e vestindo uma minúscula camisola de hospital, estava uma linda menininha de 3 anos de idade, chamada Grace.

Havia suor em sua sobrancelha, decorrente, provavelmente, da dor que ela sentia devido às fraturas. Fiz uma anotação mental disso enquanto eu mergulhava na varredura rápida que sempre faço, automaticamente, a cada vez que puxo a cortina propiciando aos pacientes um pouco de privacidade em meio aos corredores agitados do hospital.

Rapidamente, eu me concentrei em uma característica muito importante.

Os olhos dela.

* * *

Liz e David não podiam ter filhos biológicos. E, durante muito tempo, aceitaram bem tal fato.

Liz era uma artista gráfica talentosa. David era um contador que tinha sua própria empresa. Eles se sentiam bastante felizes com a opção de dedicar o tempo a suas carreiras e concentrar a atenção um no outro. Nas férias, eles viajavam pelo mundo. Em casa, desfrutavam do melhor.

Viam os amigos que tinham filhos gastando uma imensa quantidade de energia apenas para pôr em prática o plano de levar as crianças ao clube nos fins de semana. Também era preciso pensar na educação. Reuniões de pais com professores. Aulas de música. Treinos esportivos. Colônias de férias. Havia os pesadelos dos filhos às duas da madrugada e o despertar destes às seis da manhã. Tudo isso lhes parecia demasiado custoso.

Foi por isso que os dois ficaram surpresos ao descobrir, um belo dia, como que do nada, que sua perspectiva tinha mudado.

Havia crianças em todas as partes do mundo que precisavam de pais. Mas quando Liz estudou as trágicas taxas de mortalidade de meninas órfãs na China, ela soube o que eles precisavam fazer.

A nação mais populosa do mundo instituiu a política do filho único em 1979, quando o país estava prestes a se tornar o primeiro do mundo a ver sua população cruzando a linha de um bilhão, ao passo que muitos de seus habitantes lutavam para conseguir moradia, alimento e trabalho. As autoridades médicas governamentais estabeleceram o controle de natalidade, mas quando isso falhava, o aborto era a opção padrão.* Aquelas que davam à luz a um segundo – ou até terceiro – bebê, especialmente em áreas urbanas, muitas vezes tinham como única opção deixar essas crianças à porta de um orfanato administrado pelo Estado.

---

* Discutiremos mais a fundo o que há por trás desse fenômeno no capítulo 10.

Mas o pesar de um pai ou mãe podia ser a alegria de outro. O sistema chinês havia criado uma fartura de órfãos, especialmente do sexo feminino, maior do que a quantidade que podia ser adotada por casais chineses que não conseguiam ter seus próprios filhos. Com cinco anos de implantação dessa política controversa, uma nação que até então não tinha um histórico de permitir que crianças atravessassem os oceanos para serem adotadas havia se tornado um dos países que mais enviavam crianças para adoção no exterior.

E, por volta do ano 2000, a China se tornara a principal exportadora de filhos adotivos para famílias dos Estados Unidos e Canadá. Embora os números tenham diminuído um pouco nos últimos anos, a China permanece como um dos provedores mais significativos de crianças para adoção por pais norte-americanos.

Liz e David também sabiam que esse caminho seria repleto de desafios. Há momentos em que o processo pode ser emperrado pela corrupção. E mesmo quando tudo é feito da maneira correta – desde o momento em que os candidatos a pais começam a trabalhar com uma agência até o momento em que trazem a criança para casa –, o processo pode levar anos. Entretanto, casais dispostos a adotar crianças que tenham algum tipo de problema físico – geralmente questões passíveis de ser "corrigidas medicamente", tais como um lábio leporino – são muitas vezes tratados com certa condescendência burocrática.

Uma dessas condições é chamada de displasia congênita do quadril, um distúrbio razoavelmente comum, no qual a criança nasce com um quadril que pode se deslocar com facilidade. Na maioria dos países desenvolvidos, nos quais as crianças têm acesso a cuidados médicos de qualidade, casos de displasia do quadril costumam ser tratáveis se forem corrigidos no início da vida. Mas nos países aos quais faltam recursos médicos, essas crianças podem acabar desenvolvendo deficiências significativas. Esse – foi dito aos candidatos a pais – era o problema de Grace.

Mas Liz e David se apaixonaram de imediato. Desde o instante em que viram uma foto de Grace, souberam que aquela era a garotinha certa para eles. Reuniram os documentos de Grace, que estavam com o facilitador da adoção, e foram consultar um pediatra, que lhes assegurou que provavelmente a condição da menina seria fácil de tratar tão logo chegassem à América do Norte. Proporcionar a Grace os cuidados médicos de que ela precisava parecia ser um obstáculo relativamente pequeno se comparado à honra de tê-la como filha. Assim, eles compraram as passagens para a China e começaram a preparar a casa de modo a torná-la segura para uma criança pequena.

Eles não sabiam muito sobre a futura filha. O que lhes disseram era que Grace tinha sido deixada à porta do orfanato um ano antes, e que se acreditava que ela tivesse 2 anos de idade. Basicamente isso. Quando Liz e David chegaram ao orfanato, na cidade de Kunming, no sudeste da China, para buscar a filha, eles ficaram sabendo que havia muito mais que isso.

Eles já sabiam que a menina estava imobilizada, com uma tala que começa na cintura e mantém as pernas separadas. A única surpresa foi perceber como era grande a atadura e como era pequena a criança. Era como se aquela garotinha tão pequenina, pesando não mais que seis quilos, tivesse sido engolida por um enorme monstro de gesso.

Ainda assim, acreditando nas garantias que lhes dera o médico, eles estavam confiantes de que a condição de Grace era temporária e perfeitamente tratável. Quando uma funcionária do orfanato viu o quão imperturbáveis eles permaneceram ante os desafios impostos pela condição da menininha, ela os puxou para um canto para dizer como estava feliz por Grace ir para casa com eles. "Vocês são o destino dela", disse a moça.

E, sem dúvida alguma, eles eram.

Poucos dias depois eles estavam de volta à América do Norte e, após ela ter sido examinada pelo pediatra, puderam tirar Grace da tala e agendaram uma consulta de acompanhamento para começar a tratar a displasia de quadril.

Entretanto, ocultas sob a tala, a cintura e as pernas da menininha estavam terrivelmente esquálidas. E, menos de 24 horas após a imobilização ter sido removida, o fêmur esquerdo e a tíbia direita haviam se quebrado.

Em vez de ter ajudado a corrigir a displasia de quadril, a imobilização parecia haver piorado o quadro, possibilitando que os ossos da criança se enfraquecessem até ficarem frágeis como vidro. E lá foi ela, de volta para dentro de uma tala.

Poucos meses depois, e finalmente livre da tala, Grace estava no colo da mãe em uma loja de artigos esportivos, onde a família procurava uma canoa para um acampamento que estavam planejando. Ela torceu o corpo para apontar para uma canoa cor de rosa que a tinha agradado.

O som – a mãe da garotinha me contou mais tarde – foi como um disparo de pistola. Liz estremeceu. Grace berrou. Minutos mais tarde, a mãe desesperada e sua filhinha aos berros estavam de volta ao hospital. A perna de Grace havia se quebrado novamente.

Mesmo antes de os pais dela terem me contado o histórico, estava claro para mim que havia muito mais em jogo no caso de Grace que uma mera displasia congênita de quadril.

A resposta estava nos olhos dela. Os olhos humanos se distinguem pelo fato de a esclera – o chamado "branco dos olhos" – ser visível, enquanto na maioria dos outros animais ela costuma ser oculta sob dobras de pele e pela órbita ocular. Para os especialistas em dismorfologia, isso abre uma janela de oportunidade para compreendermos o que está acontecendo aos genes de um paciente.

A esclera de Grace não era branca, mas de um tom suave de azul – e isso, juntamente com seu histórico de fraturas ósseas, me dizia que ela provavelmente sofria de um tipo de osteogênese imperfeita, ou OI, uma condição na qual um defeito genético afeta a produção ou a qualidade do colágeno, essencial para que se tenham ossos fortes e saudáveis. A mesma falta de colágeno que tornava seus ossos tão quebradiços também conferia à sua esclera esse suave matiz de azul, e uma olhadela em seus dentes – que eram translúcidos nas pontas pelo mesmo motivo – me dizia que eu estava na pista certa.

Há não muito tempo a OI simplesmente não teria sido diagnosticada. Nos últimos anos, contudo, essa condição tem recebido um bocado de atenção, graças, em grande parte, a um garotinho indiscutivelmente adorável chamado Robby Novak – mais conhecido como *Kid President* –, cujos discursos motivacionais instando as pessoas do mundo inteiro a "deixarem de ser chatas" se tornaram virais na internet, e foram vistos por dezenas de milhões de pessoas no mundo inteiro.

Entretanto, Robby, que sofreu mais de setenta fraturas ósseas e teve que se submeter a 13 cirurgias antes de completar 10 anos de idade, não ganhou notoriedade se esforçando para chamar atenção para sua OI. "Quero que todo mundo saiba que eu não sou aquele garoto que vive se quebrando" – disse ele à CBS News na primavera de 2013. "Eu sou apenas um garoto que quer se divertir."[1] A história de Robby, porém, levou muita gente a prestar mais atenção na OI e no que vem sendo feito para ajudar aqueles que sofrem dessa condição.

Essa doença também tem se destacado nos noticiários por outros motivos, especialmente porque se tornou um elemento em milhares de investigações de violência contra crianças. Vejamos, por exemplo, os casos de Amy Garland e Paul Crummey. O casal britânico foi acusado por assistentes sociais de espancar o filho caçula, que apresentava oito fraturas nos braços e pernas pouco depois de nascido. Após terem sido presos sob a suspeita de violência, Amy e Paul também foram proibidos de ver os filhos sem supervisão. Os tribunais não afastaram a criança do contato com a mãe, pois ainda estava sendo amamentada, e por isso ordenaram que Amy se mudasse para um imóvel no qual pudessem monitorá-la. Em um caso no qual a realidade imitava a televisão, a autoridade local fez com que fossem colocados em uma moradia na qual a família pudesse ser vigiada 24 horas por dia, por meio de câmeras em circuito fechado, como se participassem do *Big Brother*.[2]

Foram necessários 18 meses para que as assistentes sociais e demais pessoas envolvidas se dessem conta de que haviam cometido um engano terrível. O filho de Amy e Paul não estava sofrendo de violência, mas de OI.

É compreensível que uma radiografia de uma criança que sofre de OI seja encarada como evidência de violência doméstica, pois tais imagens revelarão fraturas múltiplas em diferentes estágios de recuperação. Mas em decorrência dos casos em que assistentes sociais e médicos – visando apenas proteger as crianças do perigo – acusaram equivocadamente pais de espancarem seus filhos, hoje a maioria dos tribunais nos EUA e Inglaterra pede que um possível diagnóstico de OI seja considerado como parte dessas investigações.

Embora esse tipo de exame venha se tornando cada vez mais disseminado, o problema para aqueles que se veem envolvidos em casos de suspeita de abuso é que pode demorar um bom tempo até que se exclua por completo a possibilidade de se tratar de OI. Ao contrário do que você possa ter sido levado a acreditar assistindo a séries policiais na televisão, entender o que o DNA de alguém está nos dizendo nem sempre é tão fácil como entrar no laboratório de um hospital e olhar em um microscópio. Como há muitas maneiras pelas quais uma pessoa pode vir a ter ossos quebradiços, encontrar a causa de forma conclusiva com base em investigações bioquímicas e genéticas pode levar semanas ou até mesmo meses. Dados o aumento de consciência quanto à possibilidade da OI, a relativa raridade da doença (cerca de 400 casos por ano somente nos Estados Unidos) e a aparente epidemia de abuso infantil (mais de 100 mil casos confirmados de violência física e cerca de 1.500 mortes por ano),[3] muitas instituições de assistência social e de aplicação da lei continuam tomando a penosa decisão de não arriscar, preferindo optar pela segurança do que pelo risco de arrependimento.

Por sorte, o histórico de Grace em nada sugeria que a violência figurasse no topo da lista de causas possíveis para suas múltiplas fraturas. Isso significava que podíamos nos concentrar de imediato na procura do que estava errado, tendo os pais da criança como nossos parceiros incondicionais na busca de respostas e intervenções que pudessem proporcionar a Grace a vida saudável e feliz que ela merecia.

Há relativamente pouco tempo, ainda não haveria muito o que pudéssemos fazer nos chamados casos não letais de OI. Hoje em dia a condição permanece um desafio, mas basta uma olhadela em Grace para vermos que não se trata de um desafio insuperável.

Obviamente, nenhum tipo de terapia isolado costuma ser suficiente para lidar com as questões complexas que emanam das profundezas de nossos genes. Mas quando começamos a juntar os pedaços para chegar à combinação correta de remédios, fisioterapia e intervenções médicas tecnológicas, podemos ter resultados significativos. Com tais ferramentas – e a própria coragem da menina, sua perseverança e seus pais dedicados –, Grace se desenvolveu, passando de uma criancinha minúscula e frágil para uma garotinha durona e aventureira. A cada novo passo que ela dá, suas experiências moldam e desafiam seu próprio código genético. Grace é um grande exemplo de como o ambiente criado por seus pais possibilitou que ela fortalecesse seu esqueleto.

E se ela pode superar seu destino genético, nós também podemos. Pois embora você provavelmente não saiba, assim como os ossos de Grace, os seus também estão se quebrando o tempo todo. Um estalinho aqui, uma pequena fissura ali. Nossos ossos se encontram em um estado de constante desconstrução e reconstrução. Dessa maneira, estamos todos desenvolvendo esqueletos mais perfeitos.

* * *

Para compreender como o DNA está envolvido no processo de constituir e quebrar ossos, precisamos primeiro entender como os ossos funcionam. Longe de serem compostos do material denso, morto e duro como rocha que costumamos imaginar, nossos esqueletos são bastante vivos, e estão sendo constantemente reconstruídos para atender às exigências incessantes de nossas vidas. Essas remodelagem e recriação constantes resultam de uma batalha microscópica entre dois tipos de células: os osteoclastos e os osteoblastos. Essa batalha se assemelha ao relacionamento entre dois dos personagens principais do filme da Disney *Detona Ralph*, com base em um game.

Os osteoclastos são os Detona Ralph do esqueleto corporal, quebrando e dissolvendo o osso pedaço por pedaço, pois foram programados para fazer isso. Os osteoblastos são os Conserta Felix;* cabe a eles a tarefa de juntar os pedaços dos ossos novamente. Bem, você poderia pensar que bastaria remover o Ralph da equação para obter ossos mais fortes. Mas não é assim que funciona. Como os personagens desse filme encantador, um deles não pode existir sem o outro.

A parceria quebra/conserta resulta em uma completa renovação de nossa estrutura esquelética, mais ou menos a cada década. Como um ferreiro dobrando lâmina sobre lâmina de aço para construir uma espada resiliente, o ciclo de quebra-e-reparo-quebra-e-repete da regeneração óssea faz com que tenhamos esqueletos totalmente personalizados, capazes, na maioria dos casos, de resistir a uma vida inteira correndo, saltando, caminhando, pedalando, se contorcendo e dançando.

É óbvio que a adição de um pouco de cálcio na dieta costuma ajudar. E se você é dessas pessoas que, como tantas outras, gosta de cereais no café da manhã, você já está obtendo um pouco desse cálcio diariamente.

---

* No desenho, Ralph é vilão do game *Conserta Felix*, em que um personagem conserta um edifício que Ralph destrói. (N. do T.)

Se você come *Froot Loops*, Sucrilhos ou *Corn Flakes*, deve estar familiarizado com os produtos fabricados pela empresa fundada por William K. Kellogg, irmão do (mais) famoso dr. John Harvey Kellogg. Mas o dr. Kellogg fez muito mais que meramente emprestar seu nome a uma marca. Naquela época, ele era conhecido como um guru da saúde, embora nos dias de hoje provavelmente o considerassem um excêntrico. (Entre outras coisas, ele acreditava que o sexo, mesmo o do tipo monogâmico, era perigoso.)

Ele foi também um pioneiro no campo da terapia da plataforma vibratória. Em seu famoso sanatório, Kellogg submetia seus pacientes a cadeiras e bancos vibrantes, na esperança de que isso melhorasse a saúde deles. A ideia de Kellogg era, mais ou menos, que ele seria capaz de expulsar a doença do corpo dos pacientes.

Mais de um século depois, a terapia vibratória continua sendo encarada com ceticismo. Alguns médicos são, especificamente, contra a exposição à vibração por longos períodos para a maioria das pessoas. Entretanto, para grupos específicos de pacientes, pesquisadores vêm investigando a possibilidade de que as vibrações talvez promovam uma ação conjunta dos osteoclastos e dos osteoblastos para a quebra e o reparo dos ossos. Por esse motivo, um tratamento que havia sido descartado por ser considerado bizarro começa agora a ser investigado para ser utilizado em pacientes de OI. Isso, por sua vez, desencadeou uma retomada da terapia vibratória para pacientes que sofrem de osteoporose – doença que aflige milhões de pessoas –, por deflagrar uma expressão gênica para criar ossos mais fortes.

* * *

Mesmo para aqueles que possuem uma herança genética perfeita, fatores como o desuso, o avanço da idade, dietas pobres e alterações hormonais podem causar grandes estragos no delicado equilíbrio que molda nossa estrutura oculta. O que estamos aprendendo é que o sistema esquelético pode ser um tanto intolerante quando se trata de nossas imprudências comportamentais.

Pelo que estamos descobrindo, as mutações genéticas também podem. Tomemos como exemplo a pequena Ali McKean. Ela sofre de uma condição genética rara que transforma suas células endoteliais (aquelas que revestem a superfície interna dos vasos sanguíneos) em osteoblastos (as células que produzem os Conserta Felix). Em outras palavras, suas células estão transformando seus músculos em ossos. E, sim, isso é tão terrível quanto parece.

O caso mais famoso de *fibrodisplasia ossificante progressiva*, ou FOP, que é por vezes conhecida também como síndrome do homem de pedra, foi o de um morador da Filadélfia chamado Harry Eastlack, cujo corpo começou a endurecer quando ele tinha 5 anos e, quando ele morreu, aos 39, seus ossos haviam se fundido tanto que ele não conseguia fazer nada além de mover os lábios. Hoje é possível visitar o esqueleto de Eastlack no Mutter Museum, do College of Physicians of Philadelphia, onde ele continua sendo objeto de interesse de pesquisadores que procuram desvendar o mistério da FOP.

Acredita-se que a síndrome do homem de pedra afete cerca de uma a cada dois milhões de pessoas, e ela é agravada por contusões. Isso significa que a cada vez que Ali dá um esbarrão ou sofre uma contusão, o corpo dela responde enviando osteoblastos para a região afetada, a fim de produzir ossos – e cirurgias que tentem remover o excesso de tecido estimulam ainda mais o desenvolvimento de ossos.

Nos últimos anos, aqueles que pesquisam a FOP têm ficado animados pela descoberta de que mutações em um gene chamado *ACVR1* podem causar a doença.[4] Aparentemente, algumas dessas mutações resultam em uma alteração proteica feita a partir do gene *ACVR1*, que se encontra sempre ativado. Em vez de a pessoa ter um desenvolvimento ósseo saudável nos devidos tempo e lugar, esse gene pode colocar o processo de desenvolvimento ósseo em uma marcha supermultiplicadora.

No entanto, até o momento, a descoberta do gene é apenas o começo de uma longa estrada para a cura daqueles que sofrem da mesma condição que Ali. A detecção precoce é essencial, já que desse modo pais e cuidadores podem ajudar os portadores dessa condição a evitar contusões o máximo possível. Infelizmente, os médicos não sabiam o que havia de errado com Ali até que ela completasse 5 anos – e se você pensar em todos os esbarrões e contusões que as crianças pequenas sofrem, dá para imaginar o quão devastadora terá sido essa demora em termos de sua saúde a longo prazo. Isso sem mencionar todos os procedimentos aos quais ela se submeteu enquanto os médicos tentavam compreender o que estava acontecendo com ela, causando, sem o saberem, mais danos que benefícios.

Acredita-se que a maioria das mutações no gene *ACVR1* seja nova, o que chamamos de mutações *de novo*, e, portanto, não são herdadas de nenhum dos pais. Isso só faz complicar e atrasar ainda mais o diagnóstico, pois o mais provável é que não haja qualquer histórico familiar para um portador de FOP.

Mas a triste verdade é que havia uma pista, embora sutil, que passou inteiramente despercebida: o dedão do pé de Ali era muito curto, e curvado na direção dos outros dedos.[5] Esse sinal de dismorfia, junto aos demais sintomas de Ali, poderia ter sido interpretado como uma advertência que teria ajudado a definir o diagnóstico.[6]

Pense nisso: mesmo em se tratando de uma doença genética incrivelmente complicada, a abordagem menos invasiva e menos tecnologicamente sofisticada – uma boa e demorada olhada no dedão do pé de Ali – poderia ter sido a melhor maneira para diagnosticar sua condição.

* * *

Mesmo muito tempo depois da nossa morte, os ossos podem conter pistas acerca da miríade de experiências de nossas vidas que impactaram nossos genes. O bem estudado caso do esqueleto de Harry Eastlack ilustra bem esse fato. Os visitantes do Mutter Museum podem ver com muita clareza a maneira como a doença fundiu seu esqueleto como uma aranha envolvendo uma mosca em sua teia. Mas existem outros exemplos, bem mais sutis.

Imagine que houvéssemos recuperado alguns dos ossos da tripulação do *Mary Rose*, a nau capitânia inglesa do século XVI, do rei Henrique VIII, que naufragou no dia 19 de julho de 1545, quando combatia uma esquadra francesa invasora. O que esses ossos teriam para nos dizer?

Embora haja inúmeros relatos distintos, continuamos não sabendo ao certo por que o *Mary Rose* afundou, tampouco sabemos muito sobre a identidade dos homens cujos corpos repousam no fundo do Estreito de Solent, logo ao norte da Ilha de Wight, no Canal da Mancha. Contudo, um processo científico moderno chamado análise osteológica pode nos ajudar a decifrar como os ossos desses homens foram usados. E os marinheiros do *Mary Rose* nos deixaram uma grande pista: eles tinham escápulas esquerdas enormes.[7]

Os pesquisadores acreditam que a maior parte das tarefas físicas exigidas dos marinheiros teria feito com que usassem igualmente ambas as mãos. Com exceção de uma importante tarefa: o manejo de arcos longos era obrigatório para todos os homens do mar na Inglaterra do período Tudor, e o *Mary Rose* carregava a bordo 250 desses arcos (muitos dos quais, ao que parece, eram utilizados para atingir os navios inimigos com "flechas flamejantes"). Diferentemente dos atuais arcos de carbono para competições esportivas – aqueles com mecanismo complexo que vemos nos Jogos Olímpicos –, os arcos usados na Inglaterra do século XVI eram bastante pesados. E, embora muita coisa tenha mudado em todos esses séculos desde que o *Mary Rose* afundou, algo não mudou. Se você é destro, como a maioria, você terá uma probabilidade muito maior de carregar seu arco com a mão esquerda.[8]

Obviamente, já sabemos que o uso repetido de um braço em vez do outro pode resultar em diferenças nos músculos quanto a forma, tamanho e tônus. Se você pratica tênis ou apenas acompanha de perto o esporte, deve saber que o braço com que o atleta segura a raquete costuma ser significativamente mais musculoso que o braço oposto. (O fenômeno espanhol canhoto Rafael Nadal é um grande exemplo disso: seu braço dominante parece pertencer a uma versão menor e menos verde do Incrível Hulk.)

Entretanto, o uso constante, a tensão e o peso não estão apenas tonificando um músculo; tais fatores também colocam os osteoblastos para trabalhar, o que altera a expressão gênica que ajuda a construir ossos mais fortes. Além disso, ajudam a tecer certo aspecto de sua história de vida que irá durar tanto quanto durarem os seus ossos.

Não é preciso voltarmos centenas de anos no tempo para encontrar um exemplo de nossos esqueletos maleáveis em ação. Se você já viu um joanete, já testemunhou os efeitos do mesmo fenômeno. Uma das melhores oportunidades para ver joanetes é sentar-se em um vagão de metrô cheio em um dia de verão, quando todo mundo está usando sandálias. Se você tem um, ou se em algum momento de sua vida teve um, não amaldiçoe seus ossos por terem se comportado mal; eles estão apenas respondendo aos sapatos apertados a que foram submetidos. Sem falar na predisposição genética desafortunada que parece ter inclinado você a ter joanetes.[9] Então, não fique se flagelando caso venha a ter joanetes. Em vez disso, esse pode ser o único momento no qual você pode colocar a culpa com justiça tanto em seus pais como em seus sapatos da moda.

Conforme vimos anteriormente, a despeito de qual seja sua predisposição genética, de uma forma geral herdamos genes que nos permitem possuir esqueletos flexíveis. Outro exemplo de como nosso comportamento pode causar mudanças em nossos ossos está presente na vida de nossos filhos. Já faz alguns anos que começamos a perceber alterações prejudiciais nas curvaturas da coluna de crianças em idade escolar, que vêm pagando o preço de carregar nas costas mochilas pesadas demais.[10] Como resultado do aumento de atenção a esse problema, muitos pais têm dado a seus filhos mochilas com rodinhas, não muito diferentes das malas com rodinhas que levamos ao aeroporto.

Não é de surpreender que muitas crianças resistam obstinadamente a carregar mochilas com rodinhas. "Debiloide", é como uma dessas crianças, filho de um amigo meu, se refere a essa prática. É por isso que a resposta criativa de uma empresa a esse problema – um patinete que ao dobrar se transforma em uma mochila, no melhor estilo *transformer* – tem sido uma mina de ouro. Dois anos após ter lançado esse produto online, a Glyde Gear continuava recebendo uma enxurrada tão grande de pedidos que levava mais de um mês para entregar, e chegou mesmo a ter que recusar temporariamente novas encomendas.

Nem todas as boas intenções se cumprem sem consequências. As mochilas tradicionais eram ruins para a postura da criança. Com as mochilas de rodinhas, ao que parece, as crianças correm o risco de tropeçar e as escolas passam a ter uma dor de cabeça (elas costumam causar arranhões no chão e nas paredes).

Infelizmente, é isso que costuma acontecer também no que se refere à medicina. Conforme veremos nas próximas páginas, novas soluções para velhos problemas com frequência criam novos problemas, que demandarão soluções ainda mais novas. E muitas vezes o fato de serem flexíveis demais, como quando os ossos são demasiado maleáveis durante nossos primeiros anos de desenvolvimento, pode fazer com que esses ossos se tornem permanentemente deformados.

★ ★ ★

Um exemplo disso teve início em meados da década de 2000, em resposta à campanha *Back to Sleep*, do National Institute of Child Health and Human Development. Graças a essa bem-sucedida iniciativa, o percentual de pais zelosos que passaram a colocar os filhos para dormir de barriga para cima aumentou de 10%, há alguns anos, para os inacreditáveis 70% de hoje.

A campanha nasceu em resposta a recomendações da American Academy of Pediatrics, que vem procurando reduzir o número de casos de síndrome da morte súbita infantil (SMSI) alterando os hábitos associados a um problema que vem tirando a vida de cerca de um em cada mil bebês.

Depois de mais de dez anos de acompanhamento desde a introdução da campanha, a taxa de mortes por SMSI caiu pela metade. Assim como acontece no caso de qualquer inovação médica, com esse sucesso adveio uma complicação um tanto inédita, mas, por sorte, benigna. Bebês que dormem com a barriga para cima, em uma fase da vida em que as placas ósseas que formam a parte de trás do crânio ainda estão se formando e fundindo, têm maior probabilidade de ter cabeças ligeiramente deformadas. E os bebês com cabeças deformadas deixaram de ser raridade: durante o ano em que dormir de barriga para cima se tornou a norma, a incidência desse tipo de deformação quintuplicou.[11]

A expressão técnica para esse fenômeno benigno é *plagiocefalia posicional*. E na maioria dos casos não costumamos considerá-lo um grande problema médico. Mas com a crescente obsessão de nossa sociedade pela perfeição física, muitos pais decidiram procurar um especialista em órteses, que são aparelhos externos projetados para modificar as características funcionais ou estruturais de nossos ossos e músculos. Ao empregar um aparelho chamado capacete craniano, esses profissionais podem ajudar a corrigir o formato da cabeça de um bebê. A plagiocefalia posicional é um exemplo de como nossos corpos não funcionam em um vácuo, mas podem ser induzidos a mudar de forma, permanentemente, em resposta às circunstâncias de nossas vidas.

Meu primeiro encontro com um desses capacetes se deu cerca de dez anos atrás, quando eu caminhava pelo Central Park, em Manhattan. Naquela época, eu não fazia a menor ideia de para que servia aquilo, e pressupus equivocadamente testemunhar um novo modismo entre pais ultrazelosos, que estariam usando capacetes em seus filhos quando estes eram transportados em carrinhos.

Acabei aprendendo os detalhes de como esse aparato funciona. O propósito do capacete é remodelar o crânio de uma criança removendo a pressão sobre as partes mais achatadas, possibilitando assim que o crânio cresça nessas áreas. Esse aparelho funciona melhor para crianças entre quatro e oito meses de idade. Precisa ser usado 23 horas por dia, e deve ser ajustado a cada duas semanas. Eles podem custar mais de dois mil dólares, e nos EUA os custos geralmente não são cobertos pelos planos de saúde.

Porém, como a cabeça dos bebês é muito maleável, estudos vêm demonstrando que os pais que usam exercícios de alongamento e travesseiros especiais podem ver melhoras significativas no formato da cabeça das crianças sem precisar recorrer a um desses capacetes.[12]

No longo prazo, contudo, o mais importante não é o formato, e sim a força. Como espécie, nós figuramos entre as mais desengonçadas e, dada a importância e a relativa fragilidade de nossos corpos, é vital que o crânio retenha sua integridade estrutural.

Entretanto, a força não é uma mera questão de resistência material. Quando se trata de ossos e genoma, a verdadeira força reside na flexibilidade. É por esse motivo que quero falar sobre o *Davi* de Michelangelo.

★ ★ ★

Foi como entrar em uma foto de Edward Burtynsky.

O tão aclamado fotógrafo, famoso por suas imagens de paisagens industriais, passou bastante tempo tirando fotografias das pedreiras de mármore Carrara na Itália, muito conhecidas devido à abundância de seu mármore branco e azul utilizado por construtores no mundo inteiro.

Quando eu viajava pelos Alpes Italianos, alguns anos atrás, e me deparei com uma dessas pedreiras, fiquei maravilhado com a intrepidez da operação. Tratores gigantescos se arrastavam por estreitas estradas montanhosas, movendo blocos de mármore do tamanho de minivans das profundezas da terra para centros de preparação nas proximidades da Toscana. Dali o material viajava de trem, navio e caminhão para vários pontos do planeta.

O mármore é um produto da metamorfose de rochas sedimentares de carbonato formadas milhões de anos atrás, conforme conchas marinhas eram depositadas no fundo do oceano. Esses sedimentos acabaram se transformando em rochas de calcário e, depois de milênios e mais milênios submetidos ao calor e à pressão dos processos tectônicos, finalmente foram liberados por meio de operações como aquelas realizadas em Carrara.

O mármore de Carrara é uma rocha relativamente macia e fácil de ser trabalhada por um cinzel, motivo pelo qual é tão procurado por escultores e artesãos. É também muito forte, e é por esse motivo que esculturas como o *Davi* de Michelangelo sobreviveram intactas por mais de quinhentos anos.

Bem, quase intactas. Na verdade, o Davi de Michelangelo tem problemas nos tornozelos e, ao longo dos anos, as vibrações decorrentes dos pés de milhões de turistas em procissão à Galleria dell'Accademia, em Florença, acabou cobrando seu preço em termos da estabilidade da estátua. De certa maneira, a força do Davi é sua fraqueza: a inflexibilidade do mármore de que é feito o torna vulnerável a rachaduras.

É assim que nós também seríamos, não fosse por nossos esqueletos regenerativos e pelos genes que codificam o colágeno, o qual confere aos ossos sua estrutura.

Na espécie humana, a produção de colágeno depende do DNA, e tal produção acontece em resposta às demandas que a vida impõe. Diferentemente do que se dá com o *Davi* de Michelangelo, nossos próprios tornozelos podem se curar após uma distensão graças a um aumento na produção de colágeno realizada através da expressão gênica.

Nos humanos, há mais de duas dúzias de tipos de colágeno, e, além de ser essencial para que tenhamos ossos saudáveis, ele está presente em tudo, desde cartilagens até cabelos e dentes. Dos cinco tipos principais, o tipo I é o mais abundante; ele forma mais de 90% do colágeno existente no nosso corpo. Esse tipo também é encontrado nas paredes das artérias, e confere a estas a elasticidade necessária para impedir que explodam a cada vez que nosso coração se contrai e expilam de uma só vez o sangue de um ventrículo inteiro.

Se há uma parte do corpo na qual notamos de imediato quando o colágeno começa a faltar e a perder sua força tênsil é o rosto, onde ele proporciona a estrutura para a nossa pele. É por esse motivo que, quando você ouve falar de colágeno, a tendência é que pense nele como a substância que algumas pessoas injetaram nas bochechas para fazer com que pareçam mais jovens.

E esse não é um mau lugar para começar, pois nos ajuda a compreender o papel que o colágeno desempenha como uma proteína de apoio estrutural. Afinal de contas, ninguém o utilizaria para obter bochechas mais fofas e lábios mais cheios se ele não ajudasse a segurar a forma, não é mesmo?

A palavra "colágeno" se origina de *kolla*, um termo do grego antigo para designar cola. Antes de haver uma produção industrial de cola, as pessoas precisavam recorrer ao seu próprio conhecimento para manter as coisas unidas. E era uma cola feita à base do cozimento de tendões e pele de animais (ricos em colágeno) que consistia na principal fonte de força no processo de juntar pedaços. O categute, usado na fabricação de cordas para instrumentos musicais clássicos, é também feito principalmente de colágeno encontrado nas paredes dos intestinos de cabritos, ovelhas e gado. Esse material também foi utilizado, durante muitos anos, para a fabricação de raquetes de tênis; são necessárias cerca de três vacas para fazer as cordas de uma única raquete. É sua força tênsil, derivada do colágeno encontrado na serosa das entranhas dos animais, que torna o categute tão desejável. A força tênsil é a força mensurável com que um material pode ser esticado ou deformado antes de se romper. Pode-se pensar nela como o oposto de quebradiço.

O colágeno é, ainda, o que torna a consistência de alguns alimentos tão estranha. Se você é daqueles que apreciam uma linguiça ou adoram cachorro-quente, provavelmente gostará de saber que todas as várias partes e pedaços utilizados na confecção de salsichas são mantidos unidos graças à superforça do colágeno. E, conforme muitos veganos lhe dirão, as gelatinas, o marshmallow e muitas balas de goma também são derivados de colágeno. Dito isso, mais de 350 mil toneladas de produtos à base de gelatina são fabricadas por ano no mundo inteiro, e chegam até sua casa ou ao seu paladar por diferentes rotas, de biscoitos recheados a cápsulas de vitamina e até mesmo algumas marcas de suco de maçã.

De acertar uma bola com uma raquete de tênis até beliscar as bochechas de alguém que você ama, passando por comer os ursinhos de goma que alegram as crianças, tudo isso traz uma sensação "elástica" que se deve ao colágeno.

Entretanto, o exemplo derradeiro de como a flexibilidade se equipara à força provém do pirarucu. Trata-se de um dos poucos animais que podem viver sem medo em águas infestadas por piranhas, graças aos genes que codificam escamas à base de colágeno que cedem, mas não rompem, quando atingidas por objetos pontiagudos. Pesquisadores da University of California, em San Diego, acreditam que essa característica faz do pirarucu – que não evoluiu muito nos últimos 13 milhões de anos[13] – um bom modelo para a construção de cerâmicas flexíveis, que possam ser utilizadas no feitio de armaduras corporais – apenas uma dentre inúmeras situações em que retornar ao mundo natural em busca de soluções pode nos ajudar a resolver problemas relacionados à nossa vida moderna.[14]

* * *

O que tudo isso tem a ver com genética? Sem a flexibilidade inerente ao nosso genoma, nossos ossos se tornam mal adaptados para as vidas cheias de imprevistos violentos que levamos. E, conforme aprendemos com Grace, Ali e Harry, não é preciso muito para que as coisas deixem de funcionar como deveriam.

Na verdade, tudo que é necessário se resume a uma única letra.

O código genético humano é composto de bilhões de nucleotídeos – adenosina, timina, citosina e guanina, que abreviamos com as letras A, T, C e G – alinhados em um padrão muito específico.

Agora, na área que normalmente codifica a produção de colágeno no nosso corpo, em um gene correspondente conhecido como *COL1A1*,[15] o código geralmente se dá mais ou menos assim:

G A A T C C–C C T– G G T

HERANÇA

Entretanto, uma única mutação aleatória pode fazer com que o código passe a se apresentar da seguinte maneira:
G A A T C C–C C T–**T** G T

E essa pequena alteração é suficiente para modificar a forma como nosso corpo fabrica colágeno. Apenas uma letra retirada desse código e, em vez de um esqueleto forte e flexível, obtemos ossos tão duros quanto mármore, ou quebradiços como arenito.

Como pode uma única letra provocar uma diferença tão profunda?* Bem, imagine por um momento que você está ouvindo a famosa composição ao piano de Beethoven intitulada "Für Elise". A peça começa como sempre começa. Mas quando o pianista chega na décima nota, ela apresenta uma falha. Não uma grande falha, apenas um erro mínimo. Você notaria? Seria a peça a mesma? E se você fosse um produtor de música clássica, gravando essa peça para a posteridade, você ousaria simplesmente ignorar esse pequeno erro?

Beethoven era brilhante. Suas composições eram incrivelmente intricadas. Ainda assim, em comparação com nosso código genético, até mesmo as maiores obras-primas de Beethoven são tão complexas quanto uma cantiga infantil.

Nosso código genético é como uma jornada que envolve bilhões e bilhões de passos. Se o primeiro for apenas ligeiramente torto, o resto da jornada também o será.

---

* No exemplo dado, a alteração em um único nucleotídeo se torna mortal, causando uma forma letal de osteogênese imperfeita.

Assim, de forma bastante literal, estamos todos a apenas uma letra de possuirmos uma condição genética que afetaria toda a nossa vida. Entretanto, como acabamos de ver no caso de Grace, isso tampouco significa que estamos completamente desamparados. Conforme veremos em mais detalhes, levantar-se do sofá significa muito mais do que meramente movimentar seu corpo.

* * *

Aquilo que não usamos, perdemos. E muito rapidamente, aliás. Da mesma forma que as empresas mais eficientes têm empregado estratégias *just in time*, que combinam produção industrial com demandas em tempo quase real, nossa espécie evoluiu geneticamente para manter baixo o custo de viver, reduzindo os estoques quando não precisamos e acionando uma hiperprodução quando temos necessidade.

Esse é um dos motivos pelos quais pessoas mais velhas e obesas têm uma probabilidade menor do que seus pares mais magros de sofrer determinados tipos comuns de fraturas. Eles se assemelham a arqueiros do passado, carregando peso extra por onde andam. O desgaste de seus esqueletos lança seus osteoclastos e osteoblastos em um ciclo furioso de quebrar-e-consertar que pode resultar em ossos mais fortes.

Em contraste, sabemos também que nadadores, cujas empreitadas atléticas se dão em ambientes de gravidade reduzida, possuem menor densidade mineral no colo do fêmur que atletas que se engajam em atividades que envolvem suportar peso.[16] Isso provavelmente se deve ao fato de que, se comparados a atletas que se movem em outros ambientes, como corredores e levantadores de peso, os nadadores (embora adquiram uma constituição cardiovascular incrivelmente benéfica) simplesmente não sofrem tantas exigências no que se refere ao desempenho de seus esqueletos.

Temos outro exemplo disso sempre que viajantes espaciais retornam da Estação Espacial Internacional após longos períodos. Quando a cápsula espacial Soyuz, transportando o astronauta norte-americano Don Pettit, o russo Oleg Kononenko e o holandês André Kuipers, aterrissou no sul do Cazaquistão em julho de 2012, ao fim de uma temporada de seis meses no espaço, os três homens tiveram que ser delicadamente içados e postos sobre poltronas especiais para participar da sessão de fotografias pós-missão para a imprensa.[17] Durante os 193 dias nadando pelo espaço desprovidos de peso, seus corpos haviam começado a perder a solidez do esqueleto.

Nesse sentido, os astronautas se parecem um bocado com velhinhas com osteoporose. E, a bem da verdade, os cuidados médicos a que são submetidos são um pouco similares. Bifosfonatos como o zoledronato e o alendronato (drogas que basicamente convencem os osteoclastos a se matarem em vez de quebrar nossos ossos) são um dos componentes principais do tratamento de pessoas mais velhas com osteoporose. E descobrimos recentemente que essas mesmas drogas também podem ajudar tanto os astronautas quanto as pessoas portadoras de osteogênese imperfeita a manter seus ossos em melhor forma.[18] Com a notícia de que algumas empresas privadas estão à procura de voluntários para realizar a primeira missão humana a Marte – uma jornada que levará no mínimo dezessete meses em um ambiente de gravidade zero –, essas drogas serão de importância vital.

Mas, antes que você decida se apresentar como voluntário para viajar nessa nave espacial, vale uma pequena advertência. Embora as pessoas que estão consumindo bifosfonatos se tornem menos suscetíveis às fraturas que costumam ocorrer nos idosos – como no colo femoral –, elas se tornam mais suscetíveis a fraturas no eixo do osso.

Por quê? Porque, na verdade, essas drogas funcionam bem demais, interrompendo a renovação e o remodelamento ósseos, deixando os pacientes com o que se apelidou de "osso congelado", o que se acredita que aumente a suscetibilidade a certos tipos de fraturas, exatamente como no caso dos tornozelos do *Davi* de Michelangelo.

★ ★ ★

Eu sempre me senti perplexo diante do incrível espectro de efeitos que derivam das mais sutis modificações em nosso código genético e sua expressão. Como vimos agora, basta uma alteração em uma única letra de uma série de bilhões delas para que se tenham ossos que quebram quando submetidos à mínima pressão. Uma pequena mudança em qualquer de nossos genes pode modificar por completo o curso de nossa vida.

E se você tiver herdado um gene defeituoso, ou se se mantiver na cama por muito tempo, não se exercitar, se alimentar mal, escapar da ação da gravidade ou simplesmente envelhecer, você estará desencadeando consequências prejudiciais similares ao seu esqueleto. Dentro de uma lista crescente de opções, que incluem um arsenal de medicamentos, exercícios de levantamento de peso e, talvez, até mesmo terapia vibratória, hoje estamos longe de sermos impotentes quanto a nossos esqueletos. Quer a vulnerabilidade seja relacionada aos genes, ao estilo de vida, ou a ambos, existem muitas modalidades preventivas e terapêuticas disponíveis que podemos empregar para tornar nossos ossos menos suscetíveis a fraturas.

O entendimento da biologia básica de como podemos perder nossos ossos pode também desempenhar um importante papel no aprendizado de como mantê-los. Tal conhecimento pode ser utilizado para fundamentar nossas próprias escolhas, guiando-nos na busca de atividades e estilos de vida que construirão os mais fortes dos esqueletos.

Para que se alcance isso, precisamos descobrir os alicerces genéticos completos de nossos ossos. Estudando Grace e outras pessoas cujo DNA leva à produção de ossos quebradiços, podemos chegar com muito mais rapidez a tratamentos inovadores para condições muito mais comuns, como a osteoporose.

Quando o assunto é genética, o raro ajuda a trazer informações para o trivial. E, ao fazermos isso, milhões de heróis anônimos como Grace estão presenteando o mundo inteiro com uma transformação genética incrivelmente preciosa.

CAPÍTULO 5

Alimente seus genes

O que nossos ancestrais, os veganos e nossos microbiomas nos ensinam sobre nutrição

Adormeci com as mesmas roupas que usei o dia inteiro. Por vezes, após um turno particularmente longo no hospital, isso simplesmente acontece. Conseguir chegar em casa, subir as escadas e cair na cama são atos que consomem cada porçãozinha de energia que me restava, e vestir o pijama soa como um luxo ao qual simplesmente não posso me dar.

Era pouco mais de meia-noite quando capotei sobre as cobertas. Eu poderia jurar que não haviam se passado mais do que alguns minutos quando meu *pager* começou a apitar sobre a mesinha de cabeceira.

Com o rosto ainda enterrado no travesseiro, estendi a mão para alcançar a maldita caixinha preta. Não conseguindo encontrá-la de imediato, levantei o pescoço e abri os olhos com relutância. Os números azuis que brilhavam em meu despertador passaram das 3:36 para as 3:37 da madrugada.

Três horas e meia, pensei comigo mesmo, já tentando calcular quantas horas a mais de vigília eu teria conseguido assegurar com esse depósito de meio período noturno de sono. *Não é tão mau assim.*

Não são necessários muitos chamados no *pager* de madrugada para que você comece a reconhecer os números: 175075 é o do setor de emergência; 177368 é da ala de internação. E 0000 significa que é uma chamada externa, à espera, aguardando para falar com você.

O desafio em chamadas desse tipo reside no fato de que você nunca sabe o que esperar. Algumas vezes são pacientes aflitos, que já sabem que seu filho ou filha sofre de uma doença genética rara, mas não têm certeza se uma nova série de sintomas que estão presenciando significa algo com que devam se preocupar. Em outras situações, trata-se de um médico de outro hospital que acaba de atender um paciente e está encontrando dificuldades para decidir como tratá-lo, e liga em busca de aconselhamento. Em alguns casos, a chamada é aquela que nenhum médico quer receber: um paciente que teve uma piora.

Peguei meu telefone e tentei me levantar da cama sem acordar minha mulher, que dormia suavemente ao meu lado. Caminhando nas pontas dos pés para fora do quarto, fechei a porta delicadamente, dando uma última espiada pela fresta conforme eu saía. Nenhum resmungo. Nenhuma agitação manifestando incômodo. Ela continuava apagada.

Sucesso! Sou um ninja noturno.

Pressionei o botão de repetir a última chamada no *pager*. O temido 0000 me encarava como dois minúsculos pares de olhos de coruja. Os números azuis brilhantes se acenderam no corredor escuro. Disquei o número e aguardei.

"Localizando hospital..."

"Aqui é o dr. Moalem. Estou ligando para..."

"Obrigado por retornar a ligação. Conectando..."

Houve um bip suave, e em seguida uma torrente de palavras.

"Dr. Moalem? Eu sinto muito, sei que é muito tarde... ou seria cedo? Seja como for, sinto muito por incomodá-lo. É apenas que... Minha filha Cindy. Ela teve uma febre poucas horas atrás, e eu estou preocupada porque ela se alimentou muito bem hoje."

Para algumas pessoas, isso poderia soar como uma mãe excessivamente ansiosa. Mas eu sabia que o hospital não a teria colocado em contato comigo se o caso não fosse mais grave que isso.

Ela fez uma breve pausa. Em vez de interromper, eu deixei que o silêncio se manifestasse na linha.

"Ah, eu deveria ter mencionado", disse a mulher. "Minha filha tem deficiência da OTC."

Lá estava. Na deficiência de ornitina transcarbamilase, ou OTC, uma condição genética rara que afeta aproximadamente oitenta mil pessoas, o corpo luta para encontrar um caminho no processo de transformar amônia* em ureia, que, em circunstâncias normais, seria expelida rapidamente do corpo quando urinamos.

Esse processo, conhecido como ciclo da ureia, se dá principalmente no fígado e, em escala menor, nos rins. Ele é um barômetro quebra-galho para nossa saúde metabólica geral. Quando está funcionando bem, significa que

---

* Um bioproduto comum do processo metabólico que ocorre quando o corpo digere proteínas.

estamos fazendo aquilo que é necessário para metabolizar proteínas. Quando não está funcionando corretamente, nosso corpo fica sobrecarregado de amônia – o que é exatamente tão terrível quanto parece.

E, assim como uma fábrica bombeando para fora nosso lixo tóxico, quanto maior a demanda metabólica, maior o nível de amônia residual produzido. E normalmente é isso que acontece quando temos uma febre. Aproximadamente a cada um grau Celsius extra na temperatura, nosso corpo queima cerca de 20% a mais de calorias que o normal. A maioria das pessoas é capaz de lidar com essa demanda extra por um tempo. Na verdade, para a maioria das pessoas, uma pequena febre faz algum bem, elevando a temperatura apenas o suficiente para dificultar a vida de alguns micróbios causadores de doenças, tornando mais lento o desenvolvimento destes e dando ao corpo uma chance de contra-atacar.

No caso de pessoas como Cindy, no entanto, cujo sistema de equilíbrio é no mínimo mais precário, basta uma febrezinha à toa para que tudo vá mal, e de maneira muito rápida. O sistema nervoso é, afinal de contas, um tanto sensível a elevações no nível de amônia e à queda do nível de glicose, a qual utilizamos como fonte de energia. E, caso não seja devidamente equilibrada, essa situação metabólica pode causar convulsões e falência de órgãos, o que, por sua vez, pode levar ao coma.

Em outras palavras, a mãe de Cindy tinha bons motivos para estar preocupada com a filha. E eu tinha bons motivos para ter levantado de minha cama de madrugada.

Peguei meu laptop e digitei a senha que me permite acesso remoto ao sistema do hospital. Dado o histórico prévio de Cindy – nos últimos anos ela havia sido hospitalizada inúmeras vezes –, estava claro que ela precisava ser encaminhada ao setor de emergência.

Por sorte, sua família morava nas proximidades.

Eu também moro perto. Médicos que fazem plantão e optam por residir a mais de cinco minutos de distância do hospital com frequência se arrependem dessa decisão. Juntei algumas coisas em uma mochila e me considerei com sorte por não ter que voltar ao meu quarto para trocar de roupa, pois na verdade não sou nenhum ninja. Quando está escuro sou um tanto desajeitado e barulhento. Pelo menos assim minha esposa poderia se manter aquecida e confortável, sem ser incomodada àquela hora da madrugada.

Peguei uma banana na bancada da cozinha e fechei a porta de casa. Ainda não eram quatro horas da manhã, mas eu já me encontrava totalmente desperto.

★ ★ ★

Enquanto eu dirigia para o hospital e mordia a banana, divagava a respeito do quanto eu era privilegiado por não ter que me importar muito com o que comia. Como a maioria das pessoas, procuro consumir pouco açúcar e pouca gordura. Em raras ocasiões, quando estou me sentindo gastronomicamente corajoso e matematicamente capaz, procuro combinar café da manhã, almoço e jantar que me ajudem a atingir os 100% das 21 vitaminas e minerais recomendados pelo Food and Nutrition Board [Conselho de Alimentação e Nutrição]. Tente fazer isso algum dia. É muito mais difícil do que parece.

 A verdade, no entanto, é que uma dieta fundamentada unicamente em tais recomendações raramente é perfeita para a maioria das pessoas. De fato, é extremamente improvável (para você ter uma ideia, seria mais fácil ganhar na loteria) que as recomendações de porções e os percentuais que você costuma avaliar nas embalagens de comida industrializada nem sequer cheguem perto de se adequar com exatidão às suas necessidades individuais. Isso acontece porque esses números têm como base uma estimativa média da ingestão necessária de calorias, vitaminas e minerais essenciais para uma maioria de pessoas saudáveis nos Estados Unidos com mais de 4 anos de idade. E para o Food and Nutrition Board, "maioria" significa 50% mais uma pessoa, o que exclui uma minoria imensa para a qual as diretrizes simplesmente não se aplicam.

 A realidade, obviamente, é que as necessidades de cada um de nós são um tanto distintas. A maioria dos meninos de 4 anos (para os quais 275 gramas de vitamina A por dia em geral serão suficientes) são muito diferentes da maioria das mulheres grávidas de 32 (que geralmente precisam de pelo menos três vezes mais vitamina A). Até mesmo duas pessoas de mesmo sexo, idade, origem étnica, altura, peso e estado geral de saúde provavelmente terão necessidades distintas no que se refere à ingestão de cálcio, ferro, ácido fólico e uma série de outros nutrientes. O estudo do impacto da herança genética em nossas necessidades dietéticas é chamado de nutrigenômica.

No capítulo 1 você conheceu Jeff, o chef que sofre de intolerância hereditária à frutose (HFI). Trata-se de uma doença relativamente rara, mas até certo ponto todos nós poderíamos nos beneficiar por conhecer os genes que compõem nossos genomas. E, para os milhões de pessoas que têm exigências nutricionais específicas causadas por seus genes, é bastante comum sentir-se como se a comida não fosse sua amiga. É por isso que existem inúmeras pessoas pelo mundo afora com condições similares que olham para os cardápios de restaurantes como se fossem campos minados e para as listas de compra de verduras como se atravessassem fogo cruzado.

Agora, talvez você se lembre que a HFI exige de pessoas como Jeff que criem cardápios pessoais livres de frutas e verduras (e também de frutose, sacarose e sorbitol, os quais com frequência são adicionados a alimentos processados). A deficiência de OTC de Cindy constitui um tipo de contraponto dietético a isso. Em muitos casos as pessoas que são moderadamente afetadas pela OTC não chegam a ser diagnosticadas para essa condição. Elas provavelmente dirão que apenas não se sentem bem quando comem carne, e dessa maneira evitarão refeições altamente proteicas durante toda a vida. Geneticamente falando, elas se sairão muito melhor como vegetarianas ou veganas, porque pode ser mais fácil para elas administrar uma ingestão de baixa quantidade de proteínas.

Não muito diferentes de nossas convicções políticas, que podem percorrer uma escala que vai do anarquismo ao totalitarismo, mas em geral cai em algum ponto intermediário entre os dois extremos, o escopo de nossas dietas é amplo e diversificado. Assim como a maioria de nós é capaz de tolerar muitas ideias políticas mesmo discordando ligeiramente de algumas, nossos corpos costumam digerir bem a maioria dos tipos de alimentos. E da mesma maneira como há algumas ideias que você considera simplesmente abomináveis – como a rejeição ao sufrágio universal, por exemplo –, alguns alimentos podem ser simplesmente incompatíveis com sua constituição genética.

Muitos de nós nunca despendemos um bom tempo refletindo sobre o funcionamento interno de nossas concepções políticas, muito menos sobre por que adotamos tais concepções. Da mesma forma, existe uma boa probabilidade de que haja alimentos dos quais seu corpo simplesmente não goste. E também é grande a probabilidade de que você não saiba o porquê.

No entanto, isso está começando a mudar. Nos últimos anos, pessoas preocupadas quanto à possibilidade de que seus problemas de saúde tenham relação direta com os alimentos que ingerem vêm encontrando uma ajuda inicial em dietas de eliminação, nas quais reduzem a ingestão a um pequeno número de itens e, a partir dali, vão voltando a uma maior gama de alimentos lentamente. O equivalente educacional disso poderia ser um curso de introdução à filosofia política que expusesse os alunos à avaliação e história de uma ampla gama de ideias sociais e governamentais.

Só há um problema nisso: a solução não é tão simples assim.

* * *

A essa altura, muitos de nós simplesmente já nos resignamos a nos alimentarmos da maneira como os médicos nos ensinaram há tempos: coma uma grande quantidade disso e nada daquilo; coma isso de vez em quando e aquilo raramente. E para a maioria das pessoas esses conselhos constituem no mínimo um bom ponto de partida.

Assim como nossas políticas são com frequência um reflexo de nossa herança regional e cultural, também nossas dietas são um reflexo de nossa herança genética.*

Para a maioria das pessoas de ascendência asiática, por exemplo, o leite e os laticínios não são apenas alimentos intragáveis; podem também ser muito difíceis de digerir. Se os seus ancestrais criavam animais para obter leite,** há uma grande probabilidade de que os genes deles tenham sustentado mutações que hoje tornam os seus genes excelentes fabricantes de enzimas necessárias à quebra da lactose, um dos açúcares encontrados naturalmente no leite, ao longo de sua vida adulta. Entretanto, na maioria das demais partes do mundo, onde o cultivo de gado não

---

* Mesmo que você saiba qual a comida que seus ancestrais mais próximos consumiam, é preciso levar em conta que pode ser muito calórica (me vem à mente, por exemplo, usar banha na torta de maçã) para os níveis de atividade física de hoje em dia, comparativamente menores.
** Se os seus ancestrais forem da Europa ou da África Ocidental, é muito provável que criassem tais animais.

era tão comum historicamente, a intolerância à lactose na vida adulta é muito mais predominante.

Apesar disso, a China experimentou um aumento substancial no consumo de laticínios na última década. Não é de surpreender, contudo, que os chineses manifestem preferência por tipos de queijos mais duros, ou por variedades locais como o *rubing*, um delicioso queijo feito de leite de cabra da Província de Yunnan, semelhante ao mediterrâneo *halloumi*. O motivo para isso é que, diferentemente dos queijos mais moles, como a ricota, os mais duros geralmente contêm menos lactose.[1]

De certa forma, a atitude de se alimentar como seus ancestrais o faziam tem uma relação direta com o fato de que hoje em dia os históricos médicos das famílias de pacientes são considerados ferramentas úteis para a avaliação de riscos. Se você provém de uma herança etnicamente distinta e lança mão dessa abordagem para avaliar suas necessidades dietéticas, pode acabar chegando a combinações muito interessantes de aspectos genéticos e culinários. Isso pode, em alguns casos, levar a confusão e frustração, especialmente em função dos caldeirões de misturas étnicas e genéticas que originaram tantos de nós. Por exemplo, indivíduos hispânicos são uma miríade de tecidos genéticos. Se você for hispânico, seu grau de tolerância à lactose depende de qual parte da colcha de retalhos genética de seus ancestrais você herdou.

Mais uma vez, independentemente de provirmos de uma única origem cultural e étnica ou de 16 delas, hoje quase todos nós possuímos paladares um tanto globalizados, fato que tem o potencial de suplantar nossas reais necessidades nutricionais. No mundo desenvolvido, até mesmo a menor das quitandas na mais pacata das cidades oferece uma seleção de carnes, frutas e grãos à qual nossos ancestrais não tão distantes, nem mesmo se pertencessem à realeza, poderiam sequer sonhar em ter acesso.

Seguir meu próprio conselho e procurar por uma orientação dietética baseada em meus ancestrais recentes significa consumir apaixonadamente uma tigela de nhoque de semolina recheado com nozes e tâmaras, sabendo que tudo isso será digerido com facilidade. Obviamente, sua própria investigação gustativa pode ser um tanto diferente. E se você não tiver tentado modificar recentemente aquilo que come, esse pode ser um ótimo momento para pegar um prato e se sentar à mesa de seus ancestrais. Em decorrência, porém, de nosso estilo de vida comparativamente mais sedentário, teremos que utilizar um prato bem menor para compensar.

Até mesmo se optarmos por persistir na investigação dietética, teremos que nos contentar com o fato de que mudar hábitos alimentares dá um bocado de trabalho. Para te auxiliar nessa jornada, é útil saber que alguns estudos levaram à descoberta de que quando combinamos educação teórica com sessões práticas do tipo "cozinhe e coma" (não apenas ensinando o homem a pescar, mas também mostrando que cozinhar o peixe pode ser uma experiência saborosa e saudável), aumentamos a chance de alcançar uma integração bem-sucedida.[2]

E, obviamente, existe outro fator motivador, o mesmo que inspirou o ex-presidente Bill Clinton a modificar sua dieta alguns anos atrás: o onipresente desejo de viver uma vida longa, plena e saudável.

Depois de uma vida inteira comendo tudo o que lhe apetecesse, Clinton se viu obrigado a passar por duas cirurgias. Como resultado, começou a levar seriamente em consideração seu histórico familiar de doenças cardíacas e, em 2010, decidiu fazer algumas sérias alterações em sua vida, incluindo uma dieta praticamente vegana.[3] Às vezes nós simplesmente nos vemos pressionados pelas circunstâncias a fazer uma mudança radical e, assim como Clinton, mudar completamente nosso estilo de vida nutricional. Mesmo que você esteja suficientemente motivado, o acesso e a disponibilidade financeira para a aquisição de alimentos nutritivos e saudáveis podem se tornar grandes obstáculos, mas vale a pena se esforçar para superá-los.

Certo, o que aprendemos até aqui? Encontre bons alimentos, coma o tipo de alimento – mas não a mesma quantidade – que ingeriam seus ancestrais recentes, seja fisicamente ativo e em seguida preste atenção ao seu corpo em busca de pistas que lhe indiquem estar seguindo o caminho certo.

Ah, se a vida fosse assim tão simples... Longe de ser uma solução utópica, alimentar-se estritamente como faziam seus ancestrais não irá funcionar para todas as pessoas. Afinal de contas, somos geneticamente únicos. Na verdade, conforme vimos nos casos de Jeff, o chef, e Cindy, que tinha deficiência de ornitina transcarbamilase, não levar em conta com seriedade aquilo que nós herdamos individualmente pode se revelar um equívoco com consequências até mesmo fatais. Cada um de nós deveria se alimentar da maneira que mais se aproximasse de sua herança genética particular.

Como estamos prestes a descobrir, isso está muito longe de ser um problema moderno – algo que nossos ancestrais navegantes não teriam nenhuma dificuldade para reconhecer.

* * *

Como parte do folclore nutricional, temos a história de como os marinheiros britânicos sofriam horrivelmente com sangramentos na gengiva e contusões, uma condição conhecida como escorbuto, decorrente da ausência de frutas e vegetais frescos a bordo dos navios. Muito antes de a humanidade ter inventado a refrigeração elétrica, o melhor que os marinheiros podiam esperar era uma combinação de carnes secas e curadas e um pouco de pão duro. Para homens presos ao mar por meses seguidos, isso resultava em algumas deficiências nutricionais um tanto graves – e, curiosamente, nem todos os marinheiros eram afetados da mesma forma.

Hoje em dia, sabemos que as frutas cítricas são ricas em vitamina C, o que para a maioria das pessoas é bom para prevenir os tipos de deficiências que alguns desses marinheiros enfrentavam. Naqueles tempos, porém, eles sabiam apenas que limões podiam ajudar a manter seus dentes na boca e proteger contra os demais sintomas do escorbuto.

Um fato interessante é que nesses navios os ratos não sofriam do mesmo problema. Tampouco os gatos que com frequência eram levados a bordo para combater os roedores. Então, por que os ratos e os gatos também não estavam perdendo os dentes?

Dos orictéropos às zebras, a maioria de nossos primos mamíferos tem cópias de genes capazes de fabricar vitamina C naturalmente no organismo. Entretanto, os humanos (assim como os porquinhos-da-índia, imagine você) possuem um erro genético em seu metabolismo, uma mutação que nos torna incapazes de fazer o mesmo. Isso faz com que sejamos completamente dependentes de nossas dietas para obtermos nosso suprimento diário de vitamina C.

Alguns pequenos grupos de navegadores parecem ter descoberto a magia das frutas cítricas há muitos séculos, mas foi apenas no fim do século XVIII que o almirantado britânico, encorajado por um médico escocês chamado Gilbert Blane, começou a fazer com que seus marinheiros bebessem suco de limão para combater o escorbuto. E nas viagens de retorno dos territórios caribenhos do império, onde eram abundantes, os navios voltavam carregados, e foi por isso que os marinheiros passaram a ser conhecidos como *limeys*.[4]

Com base nessa descoberta, era simplesmente natural que se procurasse determinar a quantidade mínima de limões, limas, laranjas e similares de que necessitamos diariamente para nos mantermos saudáveis (afinal de contas, os britânicos, famosos por seu apego à burocracia, precisavam saber exatamente quantas frutas cítricas empacotar para uma longa viagem pelo mar). Essa é a base da ciência nutricional moderna, a qual, até o presente momento, se fundamenta na ideia de que podemos estabelecer de forma matemática nosso caminho para uma dieta saudável. Daí a noção de uma "referência de ingestão diária" (também conhecida como "ingestão diária recomendada"), que é utilizada para determinar – em níveis que chegam ao grama, miligrama e até micrograma – os valores diários de alimentos de que todos supostamente precisamos para ter vidas saudáveis e ativas. Muitos desses valores são derivados do que é necessário para que uma pessoa comum precisa superar uma deficiência sintomática, e não do que é ideal para nós como indivíduos absolutamente únicos.

É por isso que nem todos nós precisamos da mesma quantidade de vitamina C. Conforme nos movemos na direção do que é individualmente ideal, não temos outra opção além de olharmos para nossos genes. Em um estudo que se concentrou nos genes que auxiliam na absorção da vitamina C no nosso corpo, pesquisadores descobriram que variações em um gene transportador denominado *SLC23A1* afetavam o nível de vitamina C de maneira completamente independente de nossa dieta.[5] Assim, mesmo com uma ingestão alta de vitamina C, algumas pessoas, ao que parece, terão sempre níveis mais baixos desta, não importando quantas frutas cítricas comam. Descobrir qual é a versão desse gene transportador que herdamos pode ter um grande impacto em nossa compreensão da quantidade de vitamina C que o nosso corpo consegue absorver.

No entanto, um aconselhamento dietético direto não é tudo de que precisamos. Estamos descobrindo que algumas das diferenças em nossa herança genética – por exemplo, versões de um outro gene envolvido no metabolismo da vitamina C, o *SLC23A2* – têm sido associadas a um risco quase três vezes maior de partos prematuros.[6] Tem sido sugerido que isso pode estar relacionado ao papel da vitamina C na produção de colágeno, que ajuda a proporcionar a força tênsil de que uma mãe necessita para manter seu bebê dentro do corpo,[7] o que enfatiza, mais uma vez, a importância de levarmos a sério nossa herança genética no que se refere à nutrição.

Desse modo, visto que os conselhos nutricionais genéricos podem ser equivocados quando se observa cada indivíduo, você pode estar se perguntando – e com razão – qual é a quantidade certa de frutas cítricas. E qual é a dieta correta para você? E que alimentos você deveria evitar? As respostas a essas perguntas serão diferentes para cada pessoa, não apenas devido aos genes que você herdou, mas também – o que é ainda mais importante – porque aquilo que você come pode alterar por completo a maneira como seus genes se comportam.

★ ★ ★

Na atualidade, dezenas de milhões de norte-americanos irão tentar modificar suas dietas, a cada ano.

E a maioria dessas pessoas irá fracassar.

Em parte, isso se dará porque, sem que saibam qual dieta é geneticamente correta para elas, algumas dessas pessoas estão basicamente dando tiros no escuro, e muitas estão tomando atitudes que são contraproducentes para seus objetivos.[8]

Entretanto, até mesmo para a maioria, para aqueles que os conselhos de seguir uma dieta saudável e praticar exercícios vigorosos são o melhor remédio, há um problema adicional: fazer dieta é uma tarefa árdua.

Durante a maior parte da história humana os alimentos não eram, de forma alguma, abundantes. Para mitigar essa escassez, somado às raras ocasiões em que havia alimentos em abundância, todos nós herdamos genes que nos inclinam a comer mais do que temos necessidade. E no passado, caso acontecesse de haver quaisquer excedentes calóricos em decorrência dessas raras refeições fartas, nossos corpos armazenariam ansiosamente esse excedente na forma de gordura corporal. Como se fosse uma conta poupança calórica, estocar o que não havíamos usado era algo que se mostrava extremamente útil quando a escassez retornava. E, durante a maior parte da história humana, nós conhecemos mais escassez do que fartura.

Hoje nos defrontamos com um problema complexo, uma discrepância evidente entre aquilo que herdamos e o ambiente no qual nos encontramos. Em primeiro lugar, dadas nossas vidas sedentárias, não temos nem de longe necessidade da mesma quantidade de calorias de que precisávamos no passado para sobreviver. Delegamos às máquinas a maior parte do nosso trabalho e a tarefa de nos transportar de um lugar a outro. Em segundo lugar, junte isso à abundância de calorias baratas disponíveis, e fica fácil entender por que as taxas de obesidade estão subindo hoje como nunca antes na história humana. Não é apenas a quantidade de comida que estamos consumindo. Conforme veremos adiante, nossas escolhas alimentares estão longe de serem melhoradas para nossa herança genética.

Graças à ciência conhecida como nutrigenômica, estamos começando a ter uma noção mais clara do que é preciso deixar de fora do menu contemporâneo. Por exemplo, você não precisará mais esperar ficar inchado, escrever um diário com anotações de tudo que comeu e ter diarreia para descobrir se tem ou não intolerância à lactose. O exame genético capaz de lhe dar essa informação já se encontra disponível comercialmente. E se você for do tipo que sempre se antecipa quanto às novas tecnologias, já deve ter pesquisado o que mais existe além de um único exame genético – por exemplo, para intolerância à lactose – e decidido ir adiante e mapeado seu exoma ou até mesmo toda a sequência do seu genoma.

Esses dados podem ser utilizados para a orientação nutricional de base genética do século XXI. Você pode usar esse tipo de informação para decidir se seu próximo cappuccino deveria ser descafeinado. Tal decisão pode ser tomada com base na descoberta de qual versão do gene *CYP1A2* você herdou. Versões diferentes desse gene podem determinar a sua capacidade de quebra da cafeína.

Você pode ser um metabolizador veloz ou lento de uma das mais antigas drogas estimulantes do mundo.

Possuir uma versão diferente do gene *CYP1A2* e consumir café comum, contendo cafeína, pode ter efeitos muito mais abrangentes do que o de meramente manter você acordado à noite. Mais uma vez, dependendo da versão do *CYP1A2* que tiver herdado, você poderá ter propensão a um aumento súbito, não saudável, na pressão sanguínea. Acredita-se que isso aconteça caso você tenha herdado uma cópia do gene *CYP1A2* que quebra a cafeína lentamente. Por outro lado, se você tiver herdado duas cópias desse mesmo gene que produz uma quebra rápida da cafeína, não é provável que sua pressão sanguínea seja afetada da mesma maneira.[9]

Vamos começar unindo os pedaços do que aprendemos até aqui sobre os nossos genomas e a nutrição, pois as coisas vão começar a ficar bem mais interessantes. Conforme aprendemos até agora, nossas vidas não se desenvolvem em um vácuo genético ou ambiental, apenas com interações envolvendo um gene de cada vez. Discutimos a respeito de como nossos genomas são continuamente responsivos à maneira como nos comportamos e àquilo que comemos. Assim como acontece com a Toyota e a Apple, que empregam estratégias *just-in-time* de produção, nossos genes estão sendo constantemente ativados e desativados. E isso se dá por meio da expressão gênica – em que os genes são induzidos a fabricar uma quantidade maior ou menor de um dado produto.

Um exemplo de como a vida pode afetar nossos genes de maneiras interessantes pode ser vista em fumantes que bebem café. Você já parou para pensar por que as pessoas que fumam tabaco parecem não ter qualquer dificuldade para consumir grandes quantidades de café?

A resposta está relacionada à expressão gênica.

Na verdade, nossos corpos utilizam o mesmo gene *CYP1A2* para quebrar todos os tipos de venenos. Devido a seus componentes nocivos, não é de surpreender que o tabaco deflagre uma forte chamada genética à ação, e nesse sentido o ato de fumar induz ou ativa o gene *CYP1A2*. Quanto mais esse gene for ativado, maior será a facilidade com que seu corpo será capaz de quebrar a cafeína. Não me entenda mal; eu não estou sugerindo que você adquira o hábito de fumar para poder beber mais café e, ainda assim, conseguir pegar no sono de noite. Estou dizendo apenas que fumar altera a maneira como seu corpo quebra a cafeína, o que pode transformar um indivíduo geneticamente propenso a ser um metabolizador lento em um mais veloz.

Seja como for, caso o café não combine com a sua constituição genética, você sempre tem a opção de preparar um chá-verde. E, antes que você se sente para desfrutar de um *sencha* ou um *matcha*, vale o breve lembrete de que nada do que fazemos é desprovido de consequências genéticas.

No caso do chá-verde, tem sido sugerido que ele talvez desempenhe um papel na prevenção de algumas formas de câncer. Mais recentemente, pesquisadores expuseram células de câncer de mama a um dos potentes componentes químicos encontrados no chá-verde, chamado de epigalocatequina-3-galato, e perceberam dois resultados importantes. As células de câncer de mama começaram a se autodestruir por meio de um processo denominado apoptose, e as células que não se mataram passaram a apresentar um crescimento muito mais lento. Isso é exatamente o que se espera encontrar quando se está em busca de novas formas de tratamento para tumores malignos.

Quando foram apurados em detalhes os motivos pelos quais as células de câncer foram pressionadas a mudar seu comportamento, ficou claro que o epigalocatequina-3-galato pode promover alterações epigenéticas positivas – aquelas modificações tipo "liga" e "desliga" que atuam para ajudar a regular a expressão gênica. Essas são etapas cruciais no esforço de tentar controlar as células quando estas decidem parar de obedecer ao manifesto coletivista do nosso corpo. Quando as células param de trabalhar juntas, de maneira cooperativa, e entram em um frenesi maligno, a pessoa acaba desenvolvendo um câncer.

Quanto mais estudamos as interações entre nossos genes e aquilo que comemos, bebemos e até mesmo aquilo que fumamos, mais visível fica como essas interações são importantes para a manutenção da saúde.

E, estudando gêmeos monozigóticos que herdaram os mesmos genomas e estão seguindo dietas similares, estamos agora desvelando a peça crucial que faltava para completar nosso quebra-cabeça nutricional.

Sendo assim, agora é hora de você ser apresentado ao microbioma.

* * *

O intestino humano é um exemplo espantosamente complexo de diversidade microbiana.

Dois dos principais atores nesse vasto miniecossistema são os filos Bacteroidetes e Firmicutes.[10] Considerando-se todas as espécies pertencentes a esses dois grupos, temos várias centenas de micróbios – e a fauna microscópica de cada um deles é um pouquinho distinta das demais. Para os micróbios que vivem dentro do seu corpo, os nove metros de encanamento que vão da sua boca até o ânus são um verdadeiro planeta. Esse trajeto se contorce e vira e, se fosse imitado em forma de montanha-russa, seria capaz de humilhar até mesmo o mais experiente praticante de esportes radicais. Além disso, as diferenças de condições, à medida que se passa de uma parte a outra, é como sair do fundo do mar para o interior de um vulcão, e depois para a mais suntuosa das florestas tropicais.

Desse modo, provavelmente não é de surpreender que o sistema gastrointestinal seja uma das estruturas mais complexas que nosso corpo constrói durante o desenvolvimento fetal. Para se ter uma ideia do malabarismo ao estilo Cirque du Soleil exigido, em determinado ponto do desenvolvimento fetal nossos intestinos na verdade crescem para fora, adentrando a área ocupada pelo cordão umbilical. Para voltarem com segurança para dentro da cavidade abdominal, eles precisam se torcer e virar, se contorcendo e enrolando como uma serpente que retorna a um cesto de vime. É por essa razão que não é preciso muito para que as coisas deem errado. Se os intestinos ficarem presos a algo no caminho de volta ao corpo, pode se formar uma onfalocele – um tipo de hérnia intestinal e umbilical. Caso os intestinos consigam chegar em segurança dentro do abdome, mas a parede corporal falhar e não se fechar por completo, pode ocorrer uma gastrosquise. Esse é o nome que se dá à condição que resulta quando partes dos intestinos permanecem do lado de fora do corpo durante o desenvolvimento, escapando por uma fresta ou fissura. Visto que os intestinos e o líquido amniótico não deveriam entrar em contato, os intestinos expostos costumam ser danificados, precisando ser cirurgicamente removidos e recolocados.[11] E essas são apenas algumas das muitas coisas que podem dar errado no desenvolvimento de um sistema que, mais tarde, irá abrigar uma verdadeira selva de fluxo fisiológico e microbiano.

Desse modo, embora possa não ser algo lá muito agradável, saber um pouco mais do que está acontecendo dentro de nossos intestinos pode ser uma das medidas mais eficazes para controlarmos nossa saúde.

Para compreender isso melhor, façamos uma viagem à China, onde os cientistas da Universidade de Jiao Tong, em Xangai, acabam de revolucionar a ciência nutricional.

Eis o que aconteceu: estudando os intestinos de uma pessoa com obesidade mórbida (que, com 174 quilos, era mais ou menos do tamanho de um lutador de sumô médio), os cientistas notaram haver uma abundância de bactérias pertencentes ao gênero conhecido como *Enterobacter*. Ora, muita gente possui um pouco de *Enterobacter* no corpo, mas, nesse paciente em particular, tal micro-organismo compunha 35% das formas bacterianas existentes em seu sistema. Isso é muita coisa. Assim, para entender melhor o que estava acontecendo, os pesquisadores colheram uma amostra da bactéria do paciente e a introduziram em camundongos que haviam sido criados em um ambiente completamente livre de germes.

E, então... Nada aconteceu.

Esse poderia ter sido o fim do experimento. Mas os cientistas de Xangai decidiram ver o que aconteceria se eles fizessem com que os camundongos infectados com a *Enterobacter* seguissem uma dieta rica em gordura, similar à que o paciente vinha ingerindo. Basicamente, eles fizeram o mesmo que levar os bichinhos ao McDonald's e dar a eles um cheeseburger duplo, um refrigerante grande e batatas fritas – um monte de gordura e um monte de açúcar. E os camundongos engordaram, o que não foi surpresa para ninguém.

Mas o fascinante da história foi o seguinte: conforme se espera de um procedimento científico, os cientistas mantiveram paralelamente um grupo de controle composto por camundongos que consumiram exatamente a mesma dieta rica em gordura, mas sem terem sido infectados pela bactéria. E esses camundongos do grupo de controle se mantiveram magricelas como varapaus.[12]

Então, seria a dieta do homem obeso o problema? Certamente. Mas isso, apenas, pode não ter sido o motivo pelo qual ele estava tão gordo.

Com o tempo, pode ser que algum dia sejamos capazes de entender como a genética, a dieta, e mais a presença de uma combinação específica de micróbios respondem pelo nosso peso.

Atualmente, sem dúvida, não podemos "pôr as mãos" na obesidade. Mas podemos espalhar bactérias. E se esse tipo de bactéria for um dos possíveis fatores que colaboram para uma reação não saudável às gorduras, então o efeito pode ser o mesmo.

Entretanto, não é apenas a questão do ganho de peso que devemos ter em mente quando o assunto é o efeito que nossos microbiomas pessoais – a fauna de micróbios que moram dentro e fora de nossos corpos e seus respectivos DNAs – provocam em nossa saúde. É preciso pensar também em nossos corações.

Você provavelmente já ouviu dizer que carne vermelha e ovos são ruins para o sistema cardiovascular. O que talvez você não saiba é que o problema não se resume à gordura saturada e ao colesterol, os quais há muito tempo acreditamos que aumentam o risco de doenças cardíacas. Em vez disso, o risco pode ser aumentado por um composto chamado carnitina, presente nesses alimentos. A carnitina em si não parece ser prejudicial. Mas quando encontra as bactérias que integram o microbioma que vive no intestino da maioria das pessoas, a carnitina é transformada em um novo composto químico, denominado N-óxido de trimetilamina, ou TMAO. Quando introduzida na corrente sanguínea, essa substância parece ser danosa para o coração.[13] Até o presente momento, os efeitos para a saúde que podem ser causados por micro-organismos que compõem o nosso microbioma têm recebido muito menos atenção que o genoma humano. Isso deverá mudar conforme for se tornando mais claro que o microbioma de uma pessoa é tão importante quanto aquilo que ela come e quanto os genes que herdou. Até mesmo gêmeos monozigóticos com genomas idênticos nem sempre possuem microbiomas idênticos, especialmente quando diferem em peso.

É por esse motivo que, conforme vamos aprendendo mais sobre a importância de administrarmos nossa herança genética, faz sentido nos interessarmos mais também pelo bem-estar de nosso microbioma. Uma das maneiras mais fáceis de fazer isso é considerar alternativas ao uso indiscriminado de produtos antibacterianos, como sabonetes, xampus e até mesmo pastas de dente. Além disso, seria prudente discutir com o seu médico a respeito da real necessidade da prescrição de um antibiótico, antes de ir correndo comprá-lo. Conforme já aprendemos repetidas vezes, uma mudança de regime político imposta pelo uso de força, assim como uma mudança na composição microbiana causada por medicação, pode ter consequências imprevistas e duradouras.

* * *

Dada a complexidade de tudo isso, seria bastante compreensível se desistíssemos de tentar entender para onde seguir a partir daqui. Mas preciso dizer que há bons motivos para ficarmos animados quanto ao que estamos aprendendo sobre nós mesmos e nossas dietas, e sobre aonde essa informação genética irá nos conduzir. Fazer isso significa voltar ao setor de emergência, onde Cindy e sua mãe já se encontravam à minha espera quando lá cheguei, antes das quatro e meia da madrugada.

A equipe já havia dado início aos procedimentos, e fiquei satisfeito ao ver que Cindy já tinha uma via intravenosa correndo em seu braço, levando a ela a glicose e os líquidos de que ela precisava desesperadamente. Dar glicose a Cindy era crucial, visto que sua deficiência de OTC faz com que seus níveis de amônia se elevem quando ela está usando proteínas como fonte de energia. Níveis elevados de amônia são danosos ao corpo, especialmente ao seu cérebro sensível e em desenvolvimento. Esse é o principal fator responsável por alguns sintomas que costumam acompanhar essa condição, como a letargia e os vômitos que fizeram com que sua mãe ficasse tão preocupada.

Um dos motivos pelos quais o tratamento atual para OTC é tão mais agressivo do que era no passado é que hoje estamos muito mais conscientes dos danos cerebrais que podem decorrer de níveis elevados de amônia no corpo. Uma das opções de tratamento, especialmente em casos graves, é a "terapia gênica com bisturi", na qual pacientes com OTC recebem um transplante de fígado, que lhes proporciona uma cópia local do gene danificado que herdaram.

Por sorte, o caso de Cindy não era tão grave para que se fizesse necessário um transplante de fígado. Entretanto, com a rápida mudança de opções de tratamento que vem ocorrendo, a deficiência de OTC já não constitui o diagnóstico grave que significava em outros tempos.

Enquanto eu aguardava os resultados do exame de sangue (a amostra de sangue havia seguido às pressas para o laboratório, no gelo), pensava a respeito de todas as mudanças significativas que têm acontecido no modo como se pratica a medicina nos últimos anos. No caso de Cindy, no passado não teríamos como saber que ela era portadora de uma condição genética senão quando já fosse provável a sua morte. Isso enfatiza como é importante que os médicos saibam quais exames pedir para avaliar a condição de um paciente.

Quando os resultados laboratoriais de Cindy finalmente ficaram prontos, demonstraram que a taxa de amônia em seu corpo não estava tão alta quanto havíamos imaginado, e que seus órgãos não apresentavam maiores sinais de disfunção.

Eram boas notícias. Depois de terminar minhas anotações e de enviar um e-mail à equipe diurna notificando o que havíamos feito e descoberto de madrugada, saí dali me sentindo um pouco cansado. Bem, talvez no fim das contas três horas e meia de sono não tivessem sido suficientes.

Enquanto dirigia a caminho de casa, com os olhos inchados, para tomar uma chuveirada e trocar de roupas, eu refletia sobre a magnitude dos mistérios bioquímicos e genéticos que com frequência ofuscam nossos esforços para compreender condições como a de Cindy. Testemunhar o que essas bravas crianças e suas famílias enfrentam todos os dias estimula novas maneiras de pensar, que ocasionalmente me levam a novas pesquisas clínicas. É bastante provável que eu deixasse de descobrir várias vias de exploração se não tivesse a honra de passar parte do meu tempo acompanhando essas famílias incríveis em suas jornadas médicas.

Além disso, conforme veremos em seguida, foi o desenvolvimento de novos métodos de sondagem, capazes de fazer o diagnóstico de crianças como Cindy cedo o bastante para salvar suas vidas, que nos levou a descobrir que ela precisava de um regime dietético diferenciado e de cuidados médicos especializados. Para saber em que ponto nos encontramos e para onde estamos sendo conduzidos no campo da nutrição genética personalizada, pode ser útil saber por onde começamos. Se você ou alguém que ama nasceu antes da década de 1960, é provável que já tenha sido um beneficiário disso.

* * *

Tudo começou no fim da década de 1920, com outra mãe preocupada.

Era uma mulher norueguesa, chamada Borgny Egeland, e que desejava desesperadamente ajudar seus dois filhos pequenos – uma menina chamada Liv e um menino chamado Dag –, portadores de uma deficiência intelectual severa, embora Egeland estivesse convencida de que eles não sofriam dessa doença quando eram bebês. Sua busca por ajuda a levou a passar por vários médicos, e até mesmo a curadores espirituais, tudo em vão.[14]

Felizmente, porém, um médico e químico chamado Asbjørn Følling decidiu levar Egeland a sério. Em contraste com tantos outros profissionais que a haviam rejeitado, Følling ouviu-a atentamente quando soube da situação de seus filhos – e, ao que parece, mostrou-se especialmente interessado ao ouvir que a urina dessas crianças tinha um odor muito estranho e bolorento.

Quando, por solicitação de Følling, uma amostra da urina de Liv chegou ao laboratório, de início parecia nada haver de notável; todos os testes rotineiros tiveram resultados normais. Mas havia um teste final – algumas gotas de cloreto férrico para confirmar a presença de cetonas, que são compostos orgânicos produzidos pelo corpo quando este está queimando gordura, em vez de glicose, como combustível. Se as cetonas estivessem presentes, o cloreto férrico deveria causar uma alteração na cor da urina de Liv, de amarelo para púrpura. Em vez disso, a urina ficou verde.

Intrigado, Følling requisitou uma nova amostra, mas dessa vez da urina de Dag, o irmão de Liv. Mais uma vez, o teste para cloreto férrico fez com que a urina ficasse verde. Durante dois meses, Egeland levou ao cientista diversas amostras da urina de seus filhos, e durante dois meses o médico trabalhou buscando isolar a causa da reação anormal, até que conseguiu chegar a um composto químico denominado ácido fenilpirúvico.

Para saber se estava certo, Følling trabalhou com instituições que cuidavam de crianças com deficiências no desenvolvimento, de modo a coletar amostras adicionais. Dessa maneira, localizou mais oito amostras de urina (incluindo duas de pares de irmãos) de crianças que responderam da mesma forma ao cloreto férrico.

Entretanto, embora Følling tivesse identificado o culpado químico pelo que se revelariam ser milhares de casos de deficiência intelectual, ainda se passariam várias décadas até que outros médicos se dessem conta de que a condição em questão decorria de um erro genético inato do metabolismo (não muito diferente da OTC de Cindy). Esse erro genético tornava os indivíduos jovens que o apresentavam incapazes de quebrar a fenilalanina, um composto químico comum a milhares de alimentos ricos em proteínas.

Na verdade, conforme Egeland havia suspeitado desde o princípio, seus filhos haviam nascido sem quaisquer indícios dessa deficiência intelectual. Uma condição metabólica hereditária, que acabaria recebendo o nome de *fenilcetonúria*, ou PKU, havia causado o acúmulo de fenilalanina na corrente sanguínea daquelas crianças em níveis que, por fim, se tornaram irreversivelmente tóxicos para seus cérebros.

Depois de haverem conseguido juntar as peças desse quebra-cabeça, os cientistas desenvolveram uma dieta especial, que podia ser administrada aos indivíduos nos quais fosse identificada a presença da fenilcetonúria, prevenindo, assim, a deficiência intelectual. O único senão era que as crianças precisavam ser identificadas, e sua dieta, modificada antes que os sintomas se manifestassem de modo irreversível.

Como saber quem é portador de fenilcetonúria, e cedo o bastante para que o indivíduo em questão não corra riscos? Esse problema acabou sendo resolvido por um homem chamado Robert Guthrie, um médico e cientista que começou sua carreira pesquisando câncer. Guthrie acabou por percorrer uma estrada profissional muito distinta daquela por onde havia começado, e abandonou a pesquisa em oncologia para estudar as causas e a prevenção de deficiências intelectuais. Essa mudança foi motivada por razões muito pessoais.

Sua sobrinha nascera com fenilcetonúria.

Utilizando a experiência adquirida na pesquisa do câncer para estudar a prevenção da fenilcetonúria, Guthrie criou um sistema por meio do qual pequenas amostras de sangue coletadas dos pés de recém-nascidos e armazenadas em pequenos cartões poderiam ser testadas quanto à presença da fenilcetonúria. Esses cartões, que viriam a ser conhecidos posteriormente como cartões de Guthrie, passaram a ser incorporados na rotina hospitalar em todos os Estados Unidos a partir da década de 1960, e em vários outros países nos anos seguintes. Ao longo das décadas, o uso desses cartões se expandiu para a detecção de várias outras doenças, no que conhecemos como Teste do Pezinho.

Mais de quarenta anos se passaram desde o momento em que Borgny Egeland decidiu, contrariando todas as probabilidades, descobrir os motivos da deficiência intelectual de seus filhos até o momento em que os testes de Guthrie se disseminaram por boa parte do mundo. Obviamente, essa conquista veio tarde demais para que os filhos de Egeland pudessem ser beneficiados.

Como alguém teria condições de descrever a profundidade dessa tragédia? Tampouco somos capazes de capturar em toda sua dimensão a glória dessa busca longa, muito longa, por um futuro melhor, iniciada por Egeland e finalizada por Guthrie. Para transmitir a você a grandeza disso, recorro à autora Pearl Buck, agraciada com os prêmios Nobel e Pulitzer, e mãe de uma filha adotiva que parece ter sofrido de fenilcetonúria:

"Aquilo que já foi não precisa continuar sendo para sempre. É tarde demais para algumas de nossas crianças, mas se a situação delas puder fazer com que as pessoas se deem conta do quão desnecessária é essa tragédia, então as vidas dessas crianças, incapacitadas como elas estão, não terão sido em vão."[15]

E, sem dúvida, a tragédia dos filhos de Egeland não foi em vão.

Hoje em dia, os cartões de Guthrie e a triagem neonatal que se desenvolveu em decorrência tiveram seu uso estendido para dúzias de outras condições metabólicas – mais um exemplo de como uma condição aparentemente rara apresenta amplas implicações para todos nós. Entretanto, nem mesmo a sondagem de recém-nascidos constitui uma panaceia. Para algumas pessoas, somente exames genéticos sofisticados podem revelar as grandes diferenças que pequenas decisões nutricionais podem ter para nossa saúde.

* * *

Foi em uma manhã chuvosa em Manhattan, na primavera de 2010, que conheci Richard.

Ele estava praticamente quicando pela sala de exames quando entrei. E isso, conforme eu viria a descobrir, era mesmo o que se poderia esperar dessa criança.

Obviamente, a impetuosidade é muito comum em meninos de 10 anos de idade, mas Richard em particular teria sido capaz de correr círculos em volta do Max, de *Onde vivem os monstros*, e, desse modo, vinha arrumando um bocado de confusão na escola.

No entanto, esse não foi o motivo para sua primeira visita ao hospital. Ele estava lá porque sentia dores nas pernas.

Em todos os demais aspectos, e com base em todas as impressões visíveis, se diria que Richard era a própria imagem da saúde. Sua triagem neonatal? Perfeitamente normal. Seu checkup recente? Bem na média. Na verdade, ele parecia estar em tão boa forma que levou um tempo até que alguém percebesse que havia algo de errado com ele. E talvez nunca teríamos descoberto se alguns bons médicos não tivessem levado a sério suas queixas constantes, e descartado o fácil, mas nada científico diagnóstico de "dores do crescimento".

Não conseguindo encontrar qualquer outra explicação para a dor na perna que o menino sentia, os médicos solicitaram um exame de seus genes – e foi esse teste que revelou que Richard sofria da deficiência de OTC, a mesma condição que analisamos antes, quando eu lhe apresentei a Cindy.

Você deve lembrar que os sintomas de OTC de Cindy haviam resultado em muitas idas ao hospital. A OTC de Richard, por outro lado, se expressava de forma bastante distinta, mal parecendo lhe causar problemas, a não ser aquelas dores nas pernas um tanto inexplicáveis, e que podiam estar relacionadas aos níveis de amônia acima do normal em seu corpo.

Entretanto, os demais sintomas de Richard, se é que eles existiam, eram tão brandos, que ele e seu pai tiveram muita dificuldade para acreditar que havia algo de errado. No dia em que o conheci, na verdade, havia um salame envolto em papel-alumínio saltando de seu bolso traseiro, muito embora Richard e seus pais já tivessem ouvido repetidas advertências de que pessoas com deficiência de OTC são aconselhadas a manter uma dieta hipoproteica, visto que não são capazes de lidar muito bem com grandes quantidades de proteína.

Aquele salame denunciava por que seus sintomas não desapareciam.

O que a família de Richard não tinha percebido era que os relatos de sua falta de concentração na escola e em casa não eram exatamente expressão de uma característica comportamental, mas sim fisiológica. Níveis de amônia acima do normal no corpo da maioria das pessoas podem levar a tremores, convulsões e coma, mas em Richard, ao que parecia, estavam acionando sua combatividade e uma dificuldade em se concentrar.

Mas serei honesto. Eu também não tinha percebido isso de início. Após nosso primeiro encontro, Richard tinha ido para casa com instruções para seguir mais à risca sua dieta, pois acreditávamos que isso fosse ajudar com a dor nas pernas.

Só foi possível ter a confirmação de que os problemas de Richard iam além do temperamento agitado quando ele retornou, três meses mais tarde, dessa vez tendo seguido a dieta com muito mais rigor. Suas pernas já não doíam – e isso era bom –, mas a grande surpresa mesmo era que ele estava se saindo excepcionalmente bem na escola. Estava mais calmo. Já não era mais o rei dos Monstros Selvagens.

Refleti muito nos meses que se seguiram a respeito das implicações dessa impressionante virada de Richard. Existem, sem sombra de dúvida, outros Richards por aí. Na verdade, é provável que existam muitos, muitos mesmo. E eles também estão comendo, sem saber, alimentos que não são os mais adequados a seus *eus* genéticos. Talvez a condição deles não seja grave o suficiente para provocar uma grande alteração metabólica, mas o suficiente para garantir uma visitinha à sala do diretor da escola.

Como vejo a maior parte das crianças com problemas desse tipo em centros médicos altamente especializados, imagino quantos pacientes com condições metabólicas não passam despercebidos nos centros de cuidados primários – e quantos nem sequer vão parar em um hospital.

Não sabemos de fato quantas pessoas que já receberam diagnósticos de algum tipo de disfunção cognitiva, ou mesmo transtornos do espectro autista, têm na verdade uma doença metabólica subjacente que simplesmente nunca foi diagnosticada ou tratada. Antes que fôssemos capazes de compreender a fenilcetonúria, por exemplo, não conseguíamos entender que a deficiência intelectual daquelas crianças se devia a uma condição metabólica que não havia sido tratada.

Quanto mais nossa ciência avança, mais casos como o de Richard seremos capazes de entender – e mais vidas conseguiremos melhorar por meio de intervenções médicas e alterações simples relacionadas às necessidades genéticas e metabólicas de cada indivíduo.

* * *

Então o que Cindy, Richard e Jeff nos ensinam sobre nutrição? A resposta é que, em relação ao nosso genoma, somos todos indivíduos, e completamente únicos no que diz respeito aos nossos epigenomas e até aos microbiomas. Melhorar o que comemos não é o mesmo que prevenir deficiências nutricionais. Podemos e devemos investigar nossos genes e metabolismo em busca de pistas que apontem quais alimentos se ajustam melhor a nossas necessidades. As descobertas teriam implicações significativas quanto ao que deveríamos e ao que não deveríamos comer.

Encontramo-nos atualmente prontos para um novo passo, para irmos além das dietas especializadas para pessoas com condições genéticas raras. Em decorrência das informações a que agora temos acesso por meio do sequenciamento genético, estamos às vésperas de finalmente sermos convidados a nos sentarmos à mesa para uma refeição preparada tendo em mente nosso próprio perfil genético.

Conforme veremos em seguida, não são apenas nossas dietas que estão se tornando muito mais personalizadas e adequadas à nossa herança genética; é tempo de olharmos também para nosso armário de remédios.

CAPÍTULO 6

Dosagem genética

Como analgésicos mortais, o Paradoxo da Prevenção e Ötzi, o Homem do Gelo, estão modificando a medicina

Todos os anos, milhares de pessoas morrem – e muitas mais ficam profundamente doentes – porque estavam tomando exatamente as dosagens de medicação que lhes foram prescritas por seus médicos.

Não é que os médicos tenham sido negligentes. Na verdade, na maioria dos casos, as prescrições estavam totalmente de acordo com as recomendações oferecidas pelos laboratórios farmacêuticos e pelos conselhos de medicina. A razão para muitas dessas reações adversas a medicamentos reside em nossos genes. Assim como a capacidade de metabolizar cafeína, algumas pessoas são simplesmente mais bem aparelhadas geneticamente do que outras para uma maior capacidade de quebrar algumas substâncias. Nem sempre são os genes em si que você herdou os responsáveis por reações adversas a medicamentos; a quantidade de cópias de um gene que você tenha herdado pode ser igualmente importante. Algumas pessoas herdaram um pouco mais ou um pouco menos de DNA que outras, e, como você pode imaginar, isso faz com que haja um bocado de variação entre as pessoas. É impossível saber o que você herdou, a menos que faça exames ou sequenciamentos genéticos para descobrir.

Imaginemos que você tenha uma deleção em seu genoma que resulte na perda de segmentos de DNA que abrigam informações cruciais para seu desenvolvimento ou bem-estar. Nesse caso, haverá uma probabilidade de mais de 50% de que essa alteração genética provoque alguma síndrome específica.

Possuir um pouco de DNA extra, em alguns casos, pode não ter efeito algum, enquanto em outros pode mudar profundamente a vida de uma pessoa. Como veremos em breve, um pouco de DNA extra pode até mesmo fazer com que um medicamento comum se torne fatal. A essa altura, você já deve ter percebido que aquilo que você faz com seu genoma é tão importante quanto os genes que herdou. E as escolhas que fazemos relativas a nosso estilo de vida incluem os medicamentos que tomamos.

Em um caso de partir o coração, uma menina chamada Meghan morreu após uma tonsilectomia – retirada das amídalas – de rotina, e não foi por causa da anestesia. Na verdade, a cirurgia foi bem-sucedida, e Meghan foi para casa no dia seguinte. O motivo da morte foi que seus médicos não sabiam algo sobre ela que era de vital importância. Ninguém havia olhado para seus genes.

É bem possível que Meghan tivesse vivido uma vida inteira sem sequer imaginar que havia qualquer diferença em seu código genético. O que ela herdou foi uma pequena duplicação em seu genoma, não muito diferente do que acontece a milhões de outras pessoas que apresentam ligeiras diferenças no DNA. Em decorrência do local onde tal duplicação estava, em vez de receber duas cópias do gene *CYP2D6*, um de cada um dos pais, como era de se esperar, Meghan recebeu três.[1]

E, assim como a milhões de pacientes antes dela, foi dada a Meghan a substância codeína, para aplacar a dor após a cirurgia. Entretanto, devido à herança genética, seu corpo estava transformando pequenas doses de codeína em grandes doses de morfina. E rapidamente. A dose recomendada, que teria aliviado a dor na maioria das crianças, fazendo com que se sentissem mais confortáveis, resultou em overdose e morte para Meghan.

Foi por esse motivo que, em 2013, o Food and Drug Administration, órgão que controla alimentos e medicamentos nos Estados Unidos, decidiu proibir a aplicação de codeína em crianças após cirurgias de retirada das amídalas e adenoides.[2] A tragédia é intensificada pelo fato de essa não ser uma reação rara. Até 10% dos indivíduos de ascendência europeia e até 30% dos de ascendência africana são metabolizadores ultrarrápidos de certas drogas,[3] devido às versões dos genes que herdaram.

Dada a quantidade de medicamentos que costumamos prescrever e o espectro genético envolvido, o emprego da codeína na pediatria é provavelmente apenas um, dentre muitos exemplos, nos quais drogas concebidas para ajudar estão tendo o efeito oposto.

Hoje em dia, dispomos das ferramentas necessárias para identificar metabolizadores ultrarrápidos e ultralentos de certos medicamentos, incluindo os opiáceos, por meio de testes genéticos relativamente simples. Existe, contudo, uma boa probabilidade de você ter recebido recentemente uma prescrição para o uso de um opiáceo como a codeína na forma de Tylenol 3, sem ter sido examinado quanto a isso.

Então, onde é que esses testes estão sendo realizados de forma mais proativa? Essa é uma ótima pergunta, e eu insisto que você a faça ao seu médico antes que você ou seus filhos sejam tratados com determinados medicamentos.*

É claro que um risco para alguns não é um risco para todos. Para algumas pessoas, a codeína pode ser uma escolha perfeitamente segura e eficaz para o alívio da dor.

Portanto, a direção que estamos tomando – espero que o mais rapidamente possível – é para um mundo em que não haja mais uma dose recomendada de qualquer droga que seja sensível à nossa herança genética, e sim uma prescrição personalizada que leve em consideração uma miríade de fatores genéticos, e que resulte em dosagens na justa medida – exclusivamente para você.

Além das recomendações que melhor funcionem para a *maioria*, mas não para *todas* as pessoas, estamos começando a compreender que nossos genomas desempenham também um papel significativo em como respondemos a estratégias de saúde preventiva. Para analisar o que isso

---

* Entre os medicamentos que são impactados pelos genes podemos citar: cloroquina, codeína, dapsona, diazepam, esomeprazol, mercaptopurina, metoprolol, omeprazol, paroxetina, fenitoína, propranolol, risperidona, tamoxifeno e varfarina.

pode significar para você e as recomendações de saúde que está recebendo, gostaria de apresentá-lo a Geoffrey Rose, para que você se familiarize com o Paradoxo da Prevenção.

* * *

Alguns médicos são clínicos. Outros são pesquisadores. Nem todos podem ser ambos, e nem todos que podem, desejam isso.

Mas para alguns médicos, incluindo a mim mesmo, a chance de ver as pesquisas laboratoriais refletidas nas vidas dos pacientes oferece oportunidades incríveis, insights enormes e o privilégio absoluto de ocupar uma posição avançada para ajudar as pessoas.

Foi isso que motivou Geoffrey Rose, também. Sendo um dos mais renomados especialistas em doenças cardiovasculares crônicas e um dos mais proeminentes epidemiologistas de sua época, a comunidade de pesquisa certamente não exigia que fizesse qualquer trabalho clínico no St. Mary's Hospital, no distrito histórico de Paddington, em Londres. Entretanto, Rose continuou a atender pacientes durante décadas, mesmo após um acidente automobilístico brutal que quase o matou e o fez perder a visão de um dos olhos. Rose seguiu em frente – segundo disse aos colegas – porque queria se assegurar de que suas teorias epidemiológicas sempre fossem bem fundamentadas de acordo com sua relevância clínica.[4]

Talvez Rose seja mais conhecido por seu trabalho enfatizando a necessidade de estratégias de prevenção que abranjam toda a população, como as medidas educacionais e intervencionistas que aplicamos à epidemia de doenças cardíacas. Entretanto, ele também reconheceu os fracassos desses programas em termos de saúde pública. Rose chamou isso de Paradoxo da Prevenção, segundo o qual uma medida relativa a estilo de vida que reduza os riscos para a população inteira pode vir a oferecer pouco ou nenhum benefício ao indivíduo.[5] Essa abordagem privilegia o sucesso do todo, tendendo a negligenciar as necessidades dos poucos que não se adaptam muito bem à rubrica da maioria genética.

Em poucas palavras, o remédio maravilhoso para um homem branco de 1,80 metro de altura e 85 quilos pode não servir para você. Conforme vimos no caso da prescrição de codeína para Meghan, no começo deste capítulo, pode até mesmo matar. Ainda assim, tivemos conquistas incríveis tratando populações inteiras com vacinas como aquelas que foram administradas contra a varíola. Entretanto, médicos clínicos não costumam tratar populações inteiras, e sim indivíduos pertencentes a essas populações. Ainda assim, as diretrizes para a maneira como praticamos a medicina derivam das evidências reunidas de estudos populacionais, que abrangem indivíduos de um misto eclético de backgrounds genéticos. É por isso que a codeína foi utilizada por tanto tempo para o alívio da dor após tonsilectomias pediátricas: porque funcionava na maioria das crianças, na maior parte do tempo.

Um exemplo do Paradoxo da Prevenção ocorre nas primeiras semanas em que pessoas com alto nível de colesterol LDL, ou colesterol "ruim", começam a consumir suplementos à base de óleo de peixe. Pesquisadores descobriram que o uso de óleo de peixe (que contém alta concentração de ácidos graxos ômega 3, provenientes da cavala, arenque, atum, alabote, salmão, do fígado do bacalhau e até mesmo da gordura de baleia) está associado a uma vasta gama de alterações nos níveis de LDL na população, que pode variar de uma redução de 50% até um aumento gritante de 87%.[6] Os pesquisadores foram mais a fundo, demonstrando que as pessoas que suplementaram suas dietas com as chamadas gorduras saudáveis encontradas no óleo de peixe na verdade tinham um maior aumento da taxa de colesterol caso fossem portadoras de uma variante de um gene chamado *APOE4*. Isso significa que a suplementação com óleo de peixe pode ser boa para os níveis de colesterol de umas pessoas e muito ruim para os de outras, dependendo dos genes que elas tinham herdado.

O óleo de peixe não é, nem de longe, o único suplemento alimentar que milhões de pessoas estão consumindo diariamente no mundo inteiro. Estimativas apontam que mais da metade dos cidadãos dos Estados Unidos estejam usando suplementos alimentares e vitamínicos – com vendas que chegam a 27 bilhões de dólares por ano –, na esperança de prevenir e tratar doenças de uma maneira que lhes parece mais simples e natural.[7]

E não existem muitas diretrizes médicas de recomendações no que se refere a suplementos ou vitaminas, o que é provavelmente um dos motivos pelos quais muitas vezes me perguntam se há quaisquer benefícios em fazer uso desses produtos e, em caso positivo, em que dosagens. Minha resposta costuma ter a palavra "depende" no meio da frase. Há muitos motivos para tomar ou para evitar suplementos e vitaminas. Já te disseram que você tem um déficit de algo específico? Você tem uma herança genética que requer uma ingestão maior de vitaminas? Ou, o mais importante: você está grávida?

Quando o assunto é o desenvolvimento fetal, não há lugar melhor para se apreciar o quanto a mistura de vitaminas e genes pode prevenir sérios defeitos de nascimento. Para aprofundar essa avaliação, precisaremos empreender uma viagem de volta à primeira metade do século XX, em que havia um certo macaco sorrateiro que eu gostaria que você conhecesse.

* * *

Um dos maiores avanços na erradicação de defeitos de nascimento pelo mundo inteiro teve início com Lucy Wills e seu macaco. E trata-se de um grande exemplo de como o velho modelo de "o que é melhor para a maioria das pessoas a maior parte do tempo" foi incrivelmente eficaz para salvar e melhorar vidas, mas ineficiente, na melhor das hipóteses (e perigoso, na pior), para certos segmentos da população.

Assim como muitos dos brilhantes jovens aspirantes a médico da geração nascida quase na virada para o século XX, Wills era fascinada pelo vanguardista pensamento freudiano, e vinha considerando investir na carreira psiquiátrica. Porém, enquanto estudava na Escola de Medicina para Mulheres da Universidade de Londres, que mantinha uma relação próxima com vários hospitais na Índia, Wills conseguiu uma bolsa para viajar para o que naquela época era Bombaim, para estudar uma condição pouco conhecida, chamada de anemia macrocítica da gravidez, que pode causar fraqueza, fadiga e dormência dos dedos em algumas mulheres grávidas.[8] Wills logo aprendeu algo sobre ela mesma: adorava um bom mistério.

Naquela época, tudo que se sabia sobre as causas da anemia macrocítica da gravidez era que as mulheres que sofriam dessa condição apresentavam glóbulos vermelhos intumescidos e pálidos. Mas por quê? Visto que a doença parecia afligir mulheres pobres de forma muito desproporcional, Wills suspeitava que a causa deveria ter relação com suas dietas. Naqueles tempos, assim como hoje em dia, os pobres e desprivilegiados costumavam ter menos acesso a frutas, legumes e verduras frescas, e aquele sem dúvida era o caso das operárias têxteis que Wills havia ido estudar.

Para testar sua hipótese, Wills tentou alimentar ratas grávidas com uma dieta similar àquela das operárias têxteis. Não houve dúvidas de que as ratas começaram a apresentar alterações similares em seus glóbulos vermelhos, e Wills não demorou a descobrir que conseguia obter resultados semelhantes também em outros animais de laboratório.

A partir daí, Wills começou a "reconstruir" as dietas dos animais, de modo muito similar àquela pela qual os pais modernos são encorajados a introduzir novos alimentos a seus bebês, um por um, de modo a facilitar a identificação de reações adversas que possam vir a ocorrer.

Wills sabia que uma dieta completamente saudável provavelmente acabaria com o problema, mas ela também sabia que não tinha o poder de fazer com que aquilo acontecesse a cada mulher que vivia na Índia. Então, o que ela precisava fazer era identificar o elemento exato que estava faltando na dieta das mulheres, de modo que tal elemento pudesse ser suplementado durante a gestação. Contudo, apesar de seu considerável esforço, aquele exato elemento continuava fugidio. Até que, certo dia, um de seus macacos de experiências conseguiu pôr as mãos em um pouco de Marmite.

Se você for britânico, ou vive em um país que fez parte do antigo Império Britânico, é provável que já tenha tido algum contato com Marmite – uma pasta grudenta, salgada e marrom-escura, com um sabor do tipo "ame ou odeie", feita de extrato de levedura – e suas variantes, incluindo Vegemite, Vegex e Cenovis. Sem dúvida, essa pasta não é para qualquer um, mas há pessoas que não saem de casa sem ela. A Marmite constituía artigo obrigatório nas rações militares britânicas durante as duas guerras mundiais. Quando o fornecimento do produto para o exército durante o conflito em Kosovo foi reduzido, em 1999, os soldados e suas famílias fizeram um bem-sucedido abaixo-assinado para que esse produto retornasse às mesas dos alojamentos militares.[9]

Wills fazia anotações meticulosas sobre tudo que fazia, mas não há quaisquer registros sobre como, exatamente, o macaco conseguiu pôr as mãos em um pouco de Marmite. Sendo os macacos como são, é possível que o travesso animalzinho tenha simplesmente roubado parte da refeição matinal de Wills.

O "alcatrão em pote", como a Marmite é conhecida, tanto em conotação afetuosa quanto irônica, é também repleto de ácido fólico. E isso, Wills descobriu com a notável recuperação do animal após o banquete de Marmite, era o segredo para a cura da anemia macrocítica da gravidez.

Foram necessárias mais duas décadas para que os pesquisadores compreendessem por que, exatamente, o ácido fólico representava uma cura tão poderosa. Desde então, aprendemos que ele é crucial para as células que estão se dividindo rapidamente, o que explica por que mulheres que não obtêm ácido fólico suficiente durante a gestação podem se tornar anêmicas: seus bebês estão consumindo todo o ácido fólico para se desenvolverem.

Na década de 1960, também se fez uma conexão entre a deficiência de ácido fólico e defeitos do tubo neural (DTNs). Os DTNs são aberturas anormais no sistema nervoso central – como nas pessoas que sofrem de espinha bífida – que podem variar de relativamente benignas até fatais. É essa a razão pela qual os médicos costumam recomendar a suplementação com ácido fólico para mulheres em idade de gerar filhos, mesmo antes de engravidarem, pois a época crucial para que o ácido fólico seja eficaz na proteção contra os DTNs é nos primeiros 28 dias de gestação, um período no qual muitas mulheres nem sequer sabem ainda que estão grávidas. O ácido fólico é também associado à redução do risco de partos prematuros, de doenças cardíacas congênitas e, segundo um estudo recente, possivelmente até mesmo de autismo.[10] Mas se você, mesmo sabendo de tudo isso, não conseguir se obrigar a espalhar uma porção de Marmite sobre sua torrada no café da manhã, não se preocupe. O ácido fólico é também encontrado naturalmente na lentilha, nos aspargos, nas frutas cítricas e em muitas verduras.

O American College of Obstetricians and Gynechologists recomenda que todas as mulheres em idade fértil tomem pelo menos 400 microgramas de ácido fólico por dia. Mas essa quantidade se baseia na mulher *comum*, com genes dentro da *média*. E, como sabemos, na verdade não existe nada parecido com o dito paciente comum.

A recomendação também não dá conta de uma das mais comuns variações genéticas que existem por aí. Cerca de um terço da população possui versões diferentes de um gene chamado metilenotetra-hidrofolato redutase, ou *MTHFR*, que é extremamente importante no metabolismo do ácido fólico no corpo.

O que não compreendemos é o motivo pelo qual certas mulheres que têm sido diligentes quanto ao consumo de ácido fólico suplementar desde antes da concepção, ainda assim, têm bebês com DTNs.[11] Parece que para algumas mulheres com certas mutações no *MTHFR*, ou outros genes relacionados ao metabolismo do ácido fólico, talvez 400 microgramas da substância não sejam o bastante. Por esse motivo, provavelmente elas se beneficiariam da ingestão de uma quantidade ainda maior de ácido fólico, o que alguns médicos hoje em dia estão recomendando que elas façam, especialmente caso estejam tentando prevenir a ocorrência de um DTN.

Afinal, melhor pecar pelo excesso do que pela falta, certo?

Porém, antes que você saia correndo para uma farmácia, talvez seja bom levar mais uma coisa em consideração. Tomar ácido fólico demais pode mascarar um problema diferente, uma deficiência de cobalamina, ou vitamina B12. Em suma, buscando se livrar de um problema, você pode acabar escondendo outro. E, uma vez que ainda estamos tentando entender os riscos em curto e longo prazos associados à ingestão de grandes doses suplementares de ácido fólico, uma abordagem do tipo "é melhor prevenir" pode, na verdade, ser aplicada evitando-se a introdução de compostos químicos adicionais em seu corpo, a menos que se saiba com certeza que você e seu futuro bebê precisam desses compostos. É exatamente por isso que uma olhada abrangente no seu genoma pode, sem dúvida, ajudar.

Até recentemente, não existia uma maneira eficaz de saber qual versão do *MTHFR* uma pessoa possuía. Hoje há. Já existe um exame para as versões comuns ou polimorfismos no gene *MTHFR*, que vem sendo incluído em alguns tipos de exames pré-natais. Essas varreduras, ou rastreios do portador, procuram por milhares de mutações em algumas centenas de genes. Se você estiver pensando em engravidar, é uma boa ideia incluir esse tipo de exame na longa lista de perguntas que você fará ao médico.

Não se surpreenda, contudo, caso ele não tenha uma resposta imediata ou decisiva para lhe dar quanto à disponibilidade de testes genéticos pré-natais para diferentes versões de genes como o *MTHFR*. Uma vez que o custo desses testes sofreu uma queda vertiginosa, tem havido uma defasagem considerável entre a disponibilidade do teste e o que fazer com a informação obtida.

Em particular, muitos médicos ainda estão tentando determinar quais são as etapas apropriadas para um aconselhamento eficiente das mulheres no que se refere aos cuidados individuais. Isso é algo que simplesmente eles não tinham que realizar até pouco tempo atrás. Entretanto, conforme os médicos aprendem mais a respeito de todos os genes diferentes que podemos herdar, tais como o *APOE4*, e sobre tudo aquilo que podemos fazer para impactar esses genes durante a vida – como, por exemplo, tomar óleo de peixe –, as coisas estão mudando. Rapidamente.

A importância de muitas dessas descobertas tem levado à criação de novos campos, como a farmacogenética, a nutrigenômica e a epigenômica, que têm como objetivo entender melhor como nossas vidas são ao mesmo tempo afetadas e transformadas por nossos genes.

Agora que você sabe que a genética desempenha um papel em suas necessidades nutricionais, existe mais uma coisa que talvez você queira levar em consideração antes de sair para comprar o seu próximo suplemento.

Gostaria de conduzi-lo por uma importante viagem para explorar de onde vêm nossos suplementos vitamínicos.

HERANÇA

* * *

Talvez você esteja buscando uma vida mais saudável, talvez seja uma resolução de Ano-novo, ou talvez você simplesmente tenha chegado a um momento da vida em que sente que é hora de uma mudança. Ou talvez toda essa conversa sobre nutrição esteja fazendo você pensar no seu peso, e dessa maneira você pode estar tentando perder alguns quilos ou dormir um pouco mais. Qualquer que seja o seu plano, há uma boa chance de que você esteja considerando tomar – ou já esteja tomando – uma vitamina ou um suplemento fitoterápico.

Ou dois. Ou três. Ou sete.

Mas você já se questionou a respeito das origens de todos esses comprimidos e cápsulas? De onde vem a vitamina C daquele adorável ursinho de mascar?

Aposto que você pensou: "De uma laranja."

E isso não é de surpreender. Afinal de contas, as empresas que fazem propaganda desses produtos com frequência utilizam laranjas e outras frutas cítricas nos rótulos de suas vitaminas C, como se seus funcionários tivessem acordado hoje de manhã em um pomar de laranjas na Flórida, coletado algumas frutas gordas e suculentas de uma árvore e, por meio de um processo mágico, moldado cada uma delas para que ficasse parecendo um ursinho comestível.

A verdade, no entanto, é que muitas das vitaminas que você e seus filhos podem estar consumindo hoje de manhã foram criadas por meio de um processo muito similar ao de manipulação de medicamentos prescritos. E, de um certo ponto de vista, isso é bom. Processos consistentes de fabricação de vitaminas e suplementos significam que na maioria das vezes você estará tomando hoje exatamente a mesma substância que tomou ontem, e que definitivamente você tomará novamente amanhã.

Na verdade, afora as diferenças no que se refere a agências reguladoras, a única diferença real entre os medicamentos prescritos e muitas vitaminas é que essas últimas se baseiam em substâncias químicas que já se encontram naturalmente nos alimentos.

Mas isso não é a mesma coisa que ingerir vitaminas presentes *no* alimento. Pois quando comemos uma laranja não estamos comendo uma fruta feita puramente de vitamina C, mas sim algo composto de fibras, água, açúcar, cálcio, colina, tiamina e milhares de fitonutrientes que não estão limitados a uma única vitamina. Dessa maneira, tomar vitaminas é um pouco parecido com ouvir Empire State of Mind no piano. Sem as rimas em staccato de Jay-Z, os vocais de fundo de Alicia Keys, os arranjos e os *riffs* de guitarra, restariam apenas os poucos e repetitivos sons das teclas.

O que falta é a totalidade sinfônica da nutrição – todos os demais fitoquímicos e fitonutrientes que se encontram em uma laranja de verdade, cujos propósitos ainda não compreendemos plenamente.

Isso não quer dizer que a suplementação vitamínica não possa ser útil em certas circunstâncias, como já vimos no caso do emprego do ácido fólico para a prevenção dos defeitos do tubo neural. Mas se você estiver tomando suplementos, ou dando-os para seus filhos, em vez de ingerir um alimento que poderia te proporcionar muito mais de uma maneira natural, então talvez você esteja se privando da verdadeira excelência nutricional que é consumir vitaminas na sua forma natural.

Agora, caso você esteja comprometido com a ideia de aplicar as últimas novidades da pesquisa em nutrigenômica e farmacogenética no seu cotidiano, por onde começar?

Bem, para começar, conforme discutimos anteriormente, você precisa aprender o máximo que puder a respeito de sua própria herança genética. Você pode até mesmo considerar a possibilidade de solicitar um sequenciamento completo de seu exoma ou genoma. É muito melhor acessar e utilizar suas informações genéticas enquanto você ainda está vivo, embora estar vivo não seja realmente necessário para obter resultados. Conforme você verá adiante, quando se trata de genes, até os mortos podem falar.

* * *

O corpo estava desfigurado e em um terrível estado de decomposição. Por isso, quando um pequeno grupo de alpinistas tropeçou nele quando subia uma trilha nos alpes de Ötztal, próximo à fronteira entre a Áustria e a Itália, de início eles supuseram ter descoberto os restos de outro montanhista, talvez alguém que tivesse morrido há vários invernos.

Foram necessários vários dias para que se conseguisse retirar o corpo do alto daquela montanha, mas, uma vez que isso aconteceu, ficou claro que não se tratava de nenhum montanhista. Em vez disso, o cadáver era de um corpo excepcionalmente bem mumificado, que parecia ter pelo menos 5.300 anos de idade. Nas décadas que se passaram desde a descoberta de Ötzi, aprendemos muito sobre sua vida e morte. Para começar, parece que ele foi assassinado. Seu fim violento parece ter sido causado pela ponta de uma flecha alojada no tecido macio de seu ombro esquerdo, seguida de uma pancada na cabeça. Uma análise do conteúdo de seu estômago e intestinos demonstra que ele havia se alimentado bem nos últimos dias; Ötzi havia feito um jantar à base de grãos, frutas, raízes e vários tipos de carne vermelha.

Mas foi somente quando os pesquisadores removeram um pequeno pedaço de osso do quadril esquerdo de Ötzi que a verdadeira diversão genômica teve início. Análises genéticas do DNA preservado no osso demonstraram que embora Ötzi tenha sido descoberto nas frias montanhas do norte da Itália, tudo indica que seus parentes genéticos mais próximos nos dias de hoje sejam os habitantes das ilhas da Sardenha e Córsega – a uma distância de mais de 500 quilômetros. Também é provável que ele tivesse pele clara, olhos castanhos, sangue tipo O, fosse intolerante a lactose e estivesse sob o risco genético de morrer de uma doença cardiovascular – o que significa que, se pudéssemos voltar no tempo e mantê-lo longe do leite, da carne e dos assassinos, Ötzi poderia ter durado muito mais do que seus estimados 45 anos de idade.[12]

Para Ötzi, é um pouco tarde demais para que qualquer informação genética seja de alguma ajuda. Entretanto, se fomos capazes de descobrir tantas coisas a respeito de alguém que morreu enquanto vagava pelos Alpes há mais de 5 mil anos, apenas imagine o que podemos saber a respeito de nós mesmos hoje em dia. Para aqueles que porventura não tenham acesso a testes e sequenciamentos genéticos abrangentes, resta ainda uma opção de baixa tecnologia que não exige que você se submeta ao mesmo tipo de exames genéticos rigorosos por que Ötzi precisou passar depois de morto. Uma análise de sua árvore genealógica pode ajudá-lo a obter muitas informações valiosas. Perguntar a seus parentes, por exemplo, se eles já tiveram alguma reação aguda a algum tipo de medicamento pode, simplesmente, salvar a sua vida.

E quando estamos tentando desmembrar uma doença complexa que resulta em uma miríade de interações genéticas, qualquer mínima informação pode ser crucial. A verdade é que não há, realmente, qualquer substituto para um bom histórico familiar. É por isso que, no que diz respeito à saúde genética nas próximas décadas, pode ser que os mórmons estejam em posição de liderança.

É provável que você conheça os mórmons como membros da Igreja Internacional de Jesus Cristo dos Santos dos Últimos Dias, que vem crescendo rapidamente. E você pode tê-los visto em uma ou outra ocasião – andando em duplas, os cabelos bem curtos e cobertos de gel, vestindo calças compridas pretas e camisas brancas com etiquetas pretas com seus nomes –, batendo à porta de sua casa.

O que talvez você não saiba é que alguns mórmons também se engajam em uma prática conhecida como batismo para os mortos, baseada na crença de que as pessoas que morreram sem ter tido a oportunidade de ser batizadas por uma autoridade apropriada podem ter uma segunda chance de salvação, por assim dizer, caso recebam batismo por procuração pelas mãos de um mórmon vivo.

Esse rito deu origem à prática mórmon moderna de uma pesquisa de árvore genealógica sofisticada com a ajuda de computadores, que é uma das razões principais pelas quais muitos membros da igreja são capazes de recitar os nomes e histórias de vida de seus ancestrais, conseguindo recuar no tempo por centenas de anos – mesmo com linhagens familiares complicadas pela existência de um único marido e múltiplas esposas. Isso é feito para garantir que nenhuma alma mórmon seja deixada para trás.

Para os médicos que procuram correlacionar condições genéticas com históricos familiares, esse tipo de informação detalhada pode ser uma verdadeira mina de ouro. Hoje em dia a igreja disponibiliza muitos de seus registros genealógicos na internet,[13] e muitos não mórmons tiram vantagem disso, mas para os membros da igreja é algo que literalmente deve ser feito de forma religiosa.

E, visto que os mórmons há muito tempo mantêm regras bastante rigorosas a respeito do que podem colocar para dentro de seus corpos (muitos não bebem cafeína, a maioria se abstém de fazer uso de álcool e drogas ilícitas são particularmente execradas), eles podem ter uma quantidade menor de fatores complicadores quando estão avaliando as questões genéticas, epigenéticas e ambientais que estão em jogo em suas vidas.

* * *

Você não precisa ser um mórmon para proporcionar aos seus irmãos, filhos e netos a oportunidade do acesso a informações importantes de que irão necessitar para possuírem um melhor conhecimento de seus genomas e, portanto, terem condições de otimizar sua saúde pessoal. Um dos melhores presentes que você pode dar a eles é um histórico genealógico abrangente, começando por aquilo que você sabe sobre a saúde de seus próprios pais e subindo pela árvore o mais longe possível. Faça isso da maneira mais detalhada que puder: a gente nunca sabe quando um detalhe aparentemente insignificante relativo a uma dada geração – como a sensibilidade a substância específica – pode vir a se revelar como uma fonte importante de informação médica sobre a família. Dessa maneira, conhecer mais a respeito da sua própria herança, seja por meio de um histórico familiar detalhado ou de testes genéticos diretos, pode servir como um importante lembrete a respeito de sua individualidade.

É um lembrete dizendo que é hora de dar um passo à frente e deixar a multidão para trás, e de começar a fazer perguntas como: quais os melhores medicamento e dosagem para o meu genótipo? Como posso evitar o Paradoxo da Prevenção? Que estratégias nutricionais e de estilo de vida eu deveria tentar adotar para melhor servir às minhas necessidades genéticas? E que lições de vida genética posso aprender com uma múmia italiana congelada de 5 mil anos de idade?

Pode ser que você não encontre todas as respostas para essas perguntas essenciais de imediato, mas ao formulá-las você chegará mais perto de obter um quadro de algumas das mais importantes qualidades genéticas que o tornam incomparavelmente original.

CAPÍTULO 7

Escolhendo um lado
Como os genes nos ajudam a decidir entre esquerda e direita

O touro indomável já era. Ele tinha sido levado para o pasto. Era o que diziam.

E não eram apenas os críticos que achavam isso, embora também houvesse muitos deles. Eram seus colegas surfistas. Fazia tempo que eles sabiam que os demônios de Mark Occhilupo o haviam vencido. Eles sabiam que as drogas tinham cobrado o seu preço. Podiam vê-lo ganhando centímetros na cintura e ficando cada vez mais atrás dos outros grandes surfistas do momento.

Em 1992, tudo culminou em um apogeu explosivo. No famoso campeonato *Rip Curl Pro*, na praia de Hossegor, sudeste da França, relatou-se que o homem conhecido no mundo inteiro como Occy tentou derrubar a barraca do juiz, jogou uma prancha sobre um adversário e até mesmo comeu um bocado de areia da praia antes de anunciar que voltaria a nado para casa, na Austrália.[1]

O australiano confiante e exibicionista nunca havia conquistado um título mundial. E quando Occhilupo abandonou o campeonato da Associação de Surfistas Profissionais naquele ano, parecia claro que jamais conseguiria.

Longe dos refletores, contudo, Occy começou a colocar a vida nos eixos. Parou de beber. Recuperou a forma física. Aboliu o frango frito, que há muito tempo era um dos itens principais de sua dieta. Voltou a surfar, mas agora para se divertir e se manter saudável, e não mais para ganhar dinheiro.

Então, em 1999, Occhilupo cavou seu caminho, onda por onda, vitória sobre vitória, até conquistar o título do Campeonato Mundial dos Surfistas Profissionais. Aos 33 anos, era o campeão mais velho de todos os tempos.

Anos depois, Occy se mantinha assim. Depois de mais algum tempo parado – esse tinha se dado em circunstâncias mais fáceis que o anterior –, o touro indomável estava ansioso por mais um circuito mundial. Foi então, em uma linda manhã na ilha havaiana de Oahu, que eu vi Occhilupo furando as violentas ondas que arrebentavam, emergindo não muito longe, na crista espumosa, e dropando no tubo com o mesmo nível de esforço que o restante de nós empenharia para rir de uma ótima piada.

Não sou um surfista profissional, mas uma coisa me chamou a atenção enquanto observava Occhilupo desempenhando o seu ofício. Ele é *goofy*.

Algumas pessoas chamam quem tem a mão esquerda como dominante de canhoto, esquerdino ou outros apelidos. Mas os cientistas continuam chamando-os de sinistros. A palavra "sinistro" significa em latim simplesmente "esquerdo", mas posteriormente passou a ser associada ao mal.[2]

Você está se perguntando quais as implicações médicas de ter nascido canhoto? Talvez você se surpreenda ao saber que foi descoberto que mulheres canhotas podem ter uma probabilidade duas ou mais vezes maior que as destras de desenvolver câncer de mama antes da menopausa. E alguns pesquisadores acreditam que esse efeito pode estar ligado à exposição a certas substâncias químicas quando ainda no útero, afetando os genes da pessoa e, dessa maneira, preparando o cenário tanto para a dominância da mão esquerda quanto para a suscetibilidade ao câncer;[3] abrindo, assim, mais uma probabilidade de que a história de vida venha a modificar as predisposições inatas.

No que se refere às nossas mãos, a nossos pés e até mesmo aos olhos, a maioria dos seres humanos apresenta uma dominância do lado direito. Você deve estar pensando que os controles das mãos e dos pés devem estar sempre alinhados, mas os fatos demonstram que nem sempre é esse o caso no que diz respeito aos destros, e menos ainda quando se trata dos canhotos. Inúmeras pessoas não são *congruentes*.

Nos esportes sobre pranchas, no entanto, o termo *goofy* se refere a qual dos pés está plantado na parte de trás da prancha, e, portanto, qual é o pé dominante no que se refere ao controle do movimento. Occy se posta com o pé esquerdo para trás.

Existe uma quantidade incrível de teorias que tentam explicar por que alguns de nós pisamos com base *goofy*. Muitos acreditam, porém, que o termo propriamente dito tenha se originado de um desenho animado de Walt Disney, de oito minutos de duração, chamado *Férias no*

Havaí, que esteve em cartaz nos cinemas pela primeira vez em 1937. Essa animação colorida é estrelada pelos personagens de sempre: Mickey e Minnie, Pluto e Donald, e, obviamente, Pateta [*Goofy*, em inglês]. Durante as férias dessa gangue no Havaí, o Pateta tenta surfar, e quando finalmente consegue pegar uma onda e descer até a praia em cima da crista, ele se posiciona com o pé direito na frente e o esquerdo atrás.[4]

Se você está se perguntando se também é *goofy* e gostaria de descobrir antes de ir à praia, imagine-se diante de uma escadaria. Com qual dos pés você pisa primeiro? Se você estiver dando esse primeiro passo imaginário com seu pé esquerdo, então é provável que você faça parte do clube dos *goofy*. E caso você tenha descoberto que não é *goofy*, então você faz parte da maioria.

Acredita-se que o fato de nascermos destros, canhotos ou com base *goofy* tenha relação com um estágio inicial e importante da formação do cérebro. Uma das explicações mais populares para a *lateralização*, que é o termo que se dá para esse fenômeno, é que cada lado do seu cérebro evoluiu para uma especialização funcional distinta. Essa divisão de trabalho nos permite desempenhar múltiplas tarefas complexas.

Você assobia quando está trabalhando? Seus colegas de trabalho podem atribuir isso à notável lateralização do seu cérebro. Você é capaz de dirigir e falar ao telefone ao mesmo tempo? Isso também é lateralização.*

---

* Você talvez não seja tão bom nisso quanto pensa. Pesquisadores já mostraram que usuários de celulares são tão ruins no trânsito quanto motoristas bêbados.

Então, por que a predominância dos destros? Para a nossa espécie, uma das mais importantes tarefas é a comunicação, a qual é geralmente processada no lado esquerdo do cérebro. E alguns cientistas acreditam ser essa a razão pela qual a maioria de nós tem o lado direito dominante, pois, como você provavelmente já ouviu, o lado esquerdo do cérebro geralmente controla os músculos do lado direito do corpo (é por isso que um derrame sofrido do lado esquerdo do seu cérebro provavelmente resultaria na paralisia do seu braço e perna direitos). Então, por que você deveria se preocupar em saber se é ou não *goofy*? Foi essa mesma pergunta que fizeram a Amâr Klar, um pesquisador sênior do Laboratório de Regulação Gênica e Biologia Cromossômica do Instituto Nacional do Câncer, nos Estados Unidos. Faz mais de uma década que ele se interessa pela genética relativa à dominância de lados do corpo.

Klar acredita que há uma causa genética direta para a dominância de lateralidade, talvez até mesmo de um único gene – uma descoberta que até agora não se confirmou, à medida que vamos passando o pente fino no genoma humano. A teoria, que a equipe de Klar baseava em um modelo preditivo de traços dominantes e recessivos –, e que teria sido motivo de orgulho para Gregor Mendel –, explica até mesmo o fato de nem sempre gêmeos monozigóticos compartilharem dominância do mesmo lado. Esse poderia ser um argumento contrário à tese de uma herança genética, mas o que Klar e muitos outros geneticistas prestigiados haviam proposto era que esse gene teórico teria dois alelos: um dominante que estabeleceria a dominância do lado direito, e outro recessivo. Segundo essa tese, alguém que herde um par de alelos recessivos tem 50% de chances de tomar qualquer uma das duas direções. Mais de uma década depois de ter começado a procurar esse gene ardiloso, Klar ainda não o encontrou, mas continua apegado a essa esperança.

Apresentando-se como uma alternativa a uma explicação exclusivamente genética das causas da dominância de lateralidade, uma linha de pensamento diferente sugere que indivíduos canhotos teriam sofrido algum tipo de dano ou insulto neurológico durante o desenvolvimento ou o parto. Tal acontecimento teria afetado as conexões cerebrais.

Reunindo evidências a favor da "teoria do insulto", algumas pessoas têm apontado para estudos que encontraram uma correlação entre crianças nascidas prematuras e a dominância do lado esquerdo. Uma meta-análise sueca* revelou um aumento de quase 100% na ocorrência de canhotismo em crianças nascidas prematuras.[5]

Descobrir mais sobre a biologia por trás da lateralidade, relacioná-la à genética, a exposições, ou a ambas, pode nos proporcionar um conhecimento muito maior do que apenas saber o lado do campo em que devemos posicionar nossos filhos numa partida de futebol. Isso porque o canhotismo também vem sendo associado a taxas mais altas de dislexia, esquizofrenia, transtorno do déficit de atenção e hiperatividade, alguns transtornos de humor

---

* Uma meta-análise é um estudo que combina os resultados de muitos estudos semelhantes a fim de aumentar o poder estatístico e, desse modo, a precisão dos resultados.

e, conforme discutimos anteriormente, até mesmo câncer.[6] Na verdade, a adição da lateralidade à mistura ajudou pesquisadores dinamarqueses a identificar quais crianças apresentavam sintomas de transtorno do déficit de atenção e hiperatividade (TDAH) aos 8 anos de idade (quando, encaremos o fato, quase todas as crianças se encontram do lado dos impetuosos) continuariam a apresentar tais sintomas aos 16 anos.[7]

Diferentemente do que acontece em relação à lateralidade, estamos bem mais próximos de compreender a lógica genética por trás do planejamento anatômico que acontece durante o desenvolvimento de nosso corpo – os genes que trabalham arduamente para assegurar que nosso coração e nosso baço fiquem do lado esquerdo, e o fígado, do lado direito. Essa compreensão genética ajuda nos a responder à questão que se segue.

* * *

É realmente importante qual dos dois lados faz o quê? Se você já experimentou alguma vez a alegria de receber água quente na pele ao abrir uma torneira de onde deveria sair água fria, então você conheceu a dor da lateralidade dando errado. Quando nossos corpos não funcionam da maneira rotulada ou esperada, as coisas podem ficar perigosas – ou, ao menos, um pouco desajeitadas.

Antes, porém, para compreender de verdade como os genes ajudam nosso corpo a escolher os lados, precisaremos voltar no tempo, quando você estava apenas começando a aventura da sua vida como um embrião no útero de sua mãe. Conforme iniciamos nosso desenvolvimento em três dimensões, há um equilíbrio delicado do crescimento que precisa ser mantido para assegurar que possamos contar com o que serão futuramente nossas proporções corporais.

O engraçado a respeito do desequilíbrio é que não é preciso muito para que tudo dê errado. Então: embora um pouco de unilateralidade biológica possa ser algo bom para a vida, só um pouquinho a mais pode fazer com que as coisas possam dar muito errado. E rapidamente, também.

Se alguma vez na vida você já esteve em uma embarcação pequena – uma canoa, talvez, em uma viagem de acampar –, você sabe como a coisa funciona. Se todos estiverem sentados e alinhados em perfeita coordenação, uma canoa é um meio incrivelmente estável de se locomover sobre a água. Mas basta que uma única pessoa se levante na hora errada para que vá tudo por água abaixo.

Eu pensava nisso quando estava na praia havaiana de Oahu, observando Occhilupo se safando com agilidade de uma onda que quebrava para a direita, depois virando-se rapidamente, mantendo-se sempre à frente da arrebentação, manipulando a água como um chef japonês cortando um pedaço de peito de frango para preparar um teppanyaki.

Occhilupo é um mestre na sua arte, mas nem mesmo ele teria sido capaz de fazer aquilo se não fosse por algo que acontecera na década de 1930.

Se você assistiu ao desenho animado *Férias no Havaí*, deve ter notado que a prancha do Pateta parece um pouco com uma tábua de passar roupa. É uma prancha comprida, achatada e afinada em uma das extremidades – e não tem nada embaixo. Isso porque a prancha do Pateta ainda não havia conhecido um cara chamado Tom Blake, um inventor e fabricante de pranchas que, apenas alguns anos após ter sido lançado o desenho animado do personagem, introduziu ao mundo do surfe a quilha *skeg*, uma espécie de nadadeira presa à parte de baixo da prancha que ajuda a manter o equilíbrio e a torna muito mais manobrável. Segundo reza a história, o primeiro protótipo de Blake era parte da quilha de um barco a motor que havia encalhado na praia.

De início, ninguém entendeu de verdade que vantagem aquele apêndice poderia trazer a uma prancha de surfe. Uma década depois, quase todas as pranchas fabricadas no mundo eram equipadas com uma ou mais daquelas nadadeiras.[8]

O que o surfe tem a ver com os genes ou com nosso desenvolvimento? Nós, humanos, não temos uma quilha propriamente dita, mas possuímos um tipo similar de estrutura nas profundezas dos nossos genes, que desempenha um papel absolutamente vital em nosso desenvolvimento e estabelece o ambiente para que os genes certos se expressem no tempo certo. Há grandes chances, contudo, de que você jamais tenha ouvido falar nelas. Elas se chamam cílios nodais, e aparecem durante o desenvolvimento embrionário, uma etapa na qual parecemos mais ou menos um pedaço de goma de mascar esmagada dentro do útero de nossas mães. Nessa tão importante conjuntura, os cílios nodais respondem pelo que serão nossas cabeças, como se fossem pequenas antenas feitas de proteína.

E, da mesma maneira que uma quilha ajuda um surfista a controlar sua prancha na água e cortar algumas ondas decentes, nossos cílios nodais são cruciais para movimentar (e, em algumas situações, perceber) o fluido ao redor de nossos eus embrionários, de modo a criar um gradiente de concentração química espacial necessário. Nesse sentido, os cílios são simples, mas vitais: movimentando o fluido em uma direção específica, criando uma corrente como um redemoinho em volta do embrião. Isso modifica a quantidade de proteínas que flutuam na ordem exata, direcionando, assim, o desenvolvimento do seu corpo, através da expressão gênica, no momento preciso.

Nosso embrião em desenvolvimento utiliza esses sinais proteicos, que são codificados por nossos genes, para garantir que o fígado se forme onde se tornará o lado direito do corpo, e que o baço se desenvolva no lado esquerdo.

Na grande batalha travada pelos lados concorrentes de um corpo humano para decidir qual lado fica com quais órgãos, nossos genes codificam proteínas adequadamente chamadas de Lefty2, Sonic Hedgehog e Nodal, que lutam bravamente pela supremacia no reino da lateralidade.

Quando, porém, os cílios não estão funcionando bem em decorrência de alguma alteração genética, o processo de desenvolvimento pode se desequilibrar e dar errado. Como um surfista cuja quilha se quebrou em um recife de coral próximo à arrebentação ou devido a uma onda gigante inesperada, cílios que se comportam erradamente podem causar um desequilíbrio na quantidade de proteínas que passam pelo embrião.

E se uma quantidade maior da proteína Sonic Hedgehog fluir para além de suas fronteiras usuais, ela pode – falando metaforicamente, é claro – comer o seu baço, deixando você sem esse órgão. Para não se deixar derrotar pela Sonic Hedgehog, quando proteínas como a Lefty2 não estão funcionando, você pode acabar com mais de um baço, uma condição denominada poliesplenia.

Cílios confusos podem até mesmo fazer com que seus órgãos se desenvolvam no lado errado. Se o redemoinho girar no sentido errado, você poderá acabar com alguns de seus órgãos principais no lado completamente oposto do corpo: o coração no lado direito, o fígado no esquerdo, o baço no direito.

Longe de ser uma situação benigna, se o posicionamento apropriado de seus órgãos internos se perder no decorrer do desenvolvimento, isso poderá afetar quase tudo, da distribuição dos vasos sanguíneos à nossa rede neural. E o que ocorreu em termos anatômicos e neurológicos não pode ser facilmente desfeito. Com frequência, não pode ser desfeito de maneira nenhuma.

É por isso que os obstetras enfatizam que se evite o álcool durante a gravidez. Basicamente, supõe-se que no que se refere à combinação de álcool e gestação não há níveis seguros de exposição. Por outro lado, no entanto, sabemos que por vezes nascem bebês de mães que ingeriram álcool durante sua gestação e tais crianças parecem não ter marca alguma.

Por que a diferença? Porque somos todos geneticamente distintos – em particular, ao que parece, no que diz respeito ao metabolismo do álcool. Dependendo de quais genes foram herdados por uma mãe – e de quais genes ela e seu parceiro transmitiram ao filho –, o impacto do álcool em um feto pode ser moderadamente tóxico ou ter o efeito de um veneno potente.[9] Dadas as incertezas durante essa parte do desenvolvimento de nossos filhos, a melhor abordagem, na minha opinião, continua sendo a de parar completamente de beber durante a gestação.

Esse é provavelmente um bom conselho no que se refere a quaisquer substâncias questionáveis – incluindo alimentos não saudáveis – que uma mulher introduza em seu corpo durante a gravidez, mas pode ser especialmente importante em se tratando do álcool, particularmente nos primeiros estágios do desenvolvimento, quando possuir cílios sóbrios, por assim dizer, é de importância vital.

De certa maneira, os cílios são uma espécie de maestros genéticos na orquestra do desenvolvimento. Se você já assistiu alguma vez ao maestro de uma orquestra em ação, deve saber que já é muito difícil reger a apresentação de uma sinfonia quando se está sóbrio. Apenas imagine-se tentando fazê-lo embriagado. É por isso que os pesquisadores descobriram que filhos de mães que beberam em excesso durante a gravidez podem ter muitos problemas relacionados à lateralidade, incluindo dificuldades com a audição do ouvido direito e com a interpretação de discursos. Essas duas funções são geralmente processadas do lado esquerdo do cérebro.[10]

Em vez de conduzir geneticamente a orquestra do desenvolvimento com harmonias, melodias e ritmos espetaculares, os cílios com funcionamento comprometido podem ter um desempenho que faz lembrar o trabalho do compositor japonês Toru Takemitsu, cujas composições frequentemente discordantes são fascinantes de se contemplar e estudar, mas podem ser difíceis de se entender. E é esse o desafio das doenças genéticas conhecidas como ciliopatias, que são causadas quando os cílios fracassam no desempenho de suas funções.

Para compreender as ciliopatias, é importante compreender os cílios e a genética por trás dos mesmos. Para isso, é preciso que primeiramente você saiba que os cílios estão em toda parte – e quero dizer em toda parte mesmo. Embora você possa nunca ter ouvido falar deles antes, eles vêm zelando por você e pelo seu bem-estar desde que você nasceu. Como uma forma modificada de tato, algumas das suas células inclusive usam os cílios para perceber o meio ao seu redor em seu mundo microscópico.

Entretanto, existem outros bons exemplos da importância do toque para ter noção do mundo que nos circunda.

* * *

O escultor norte-americano Michael Naranjo ficou cego e perdeu os movimentos da mão direita em um ataque de granada aos 22 anos, quando era um soldado lutando no

Vietnã. Enquanto recebia tratamento em um hospital no Japão, Naranjo, que vinha de uma família de artistas do Novo México, perguntou a uma enfermeira se ela poderia conseguir para ele um pouco de argila. Poucos dias depois ela conseguiu atender ao pedido, e Naranjo deu início a uma jornada artística que o tem feito viajar o mundo todo.[11] Muitos anos depois, Naranjo foi até mesmo convidado para ir à Galleria dell'Accademia, em Florença, Itália, onde foi colocado em um andaime para poder deslizar as mãos pelo rosto do *Davi* de Michelangelo. É dessa forma que Naranjo enxerga.

Assim como esse artista fenomenal, nossas células são fisicamente cegas, e utilizam seus cílios geneticamente codificados como um meio de tatear o mundo que as cerca. Muito embora os cílios sejam fundamentais para nossas vidas, seu tamanho microscópico faz com que tendamos a não dar a eles a devida importância. O que lhes falta em tamanho, no entanto, eles mais que compensam em termos de ação.

O impacto dos cílios em nossas vidas tem início muito cedo, antes mesmo de eles começarem a trabalhar misturando e tateando os fluidos embrionários que fazem de nós quem somos, pois também desempenham um papel vital na concepção.

Para início de conversa, a cauda do espermatozoide é um cílio modificado chamado de flagelo. Se ele não pulsar corretamente, não conseguirá nadar direito, e se não nadar direito, não conseguirá chegar aonde se espera que chegue. Do outro lado da operação, há cílios situados na entrada das trompas de Falópio, onde esses cílios pulsam mais rapidamente durante a ovulação, de modo a criar uma corrente forte o suficiente para conduzir o óvulo para fora do ovário.

Nossos pulmões também são consideravelmente dependentes de cílios para manter tudo fisicamente arrumadinho, e esse é um importante fator que ajuda a transportar o oxigênio do mundo externo para o interior do nosso corpo. Como uma multidão em um show passando um fã de rock por um mar de braços estendidos, nossos cílios também ajudam a manter nossos pulmões livres de muco, poeira e micróbios. Trata-se de uma tarefa árdua, mesmo na melhor das circunstâncias, mas tudo é bem mais difícil quando fumamos, inalando substâncias químicas que podem afetar os cílios de forma adversa. A cada vez que você ouvir um fumante tossindo, pode agradecer aos seus cílios, pois todos nós emitiríamos constantemente esses sons se esses carinhas geneticamente condicionados não estivessem cumprindo seu dever.

Mas você não precisa ser fumante para deflagrar tal processo. Tudo o que você precisa é ter herdado mutações específicas em seus genes, como no *DNAI1* e *DNAH5*, que fazem com que os cílios se comportem mal. A condição genética causada por mutações nesses genes é conhecida pelo nome de discinesia ciliar primária, ou DCP. Conforme estamos começando a compreender mais e mais, a maior parte do que os cílios fazem permanece oculta de todos nós. Mas, quando eles não estão funcionando bem, o tecido muscular e elástico dos pulmões acaba entrando em colapso, o que resulta em dificuldades respiratórias e seios nasais inchados que bloqueiam a drenagem nasal. Todos esses sintomas são o resultado de condições genéticas que envolvem os cílios, os quais, por um motivo ou outro, não receberam o sinal para operar da forma que deveriam.

Algumas pessoas com DCP podem também ter *situs inversus*, o que, entre outras coisas, cria uma grande oportunidade para que clínicos experientes passem um dia fazendo demonstrações para jovens médicos.

Passei por esse ritual de trote uma vez quando era um estudante de medicina. Durante um exame físico observado pelos alunos, um de nossos supervisores clínicos me pediu para "fazer uma tapotagem no fígado". Essa é uma técnica de batidas ritmadas que vem sendo usada há séculos pelos médicos para estimar o tamanho desse órgão vital; dominar essa técnica é crucial, mesmo hoje em dia, após o advento do ultrassom. Entretanto, aquele médico sênior convenientemente deixou de mencionar que a paciente tinha *situs inversus totalis*, o que significa que todos os seus órgãos principais ficavam do lado oposto ao normal.

"Algum problema, Moalem?", o médico perguntou enquanto eu fuçava o abdome da paciente, tentando desesperadamente repetir o que eu havia praticado tantas vezes em amigos, familiares e pacientes quando estudava para minhas provas.

"Bem... Humm..."

"Vamos lá, rapaz, é só tapotar."

"Eu estou... Quer dizer... Parece que... Humm..."
A essa altura, eu estava tão nervoso que não percebi que a paciente, que estava participando da pegadinha, se esforçava ao máximo para segurar o riso. Ela finalmente começou a rir histericamente – um sinal que em um primeiro momento interpretei como se eu tivesse feito cócegas sem querer em seu abdome enquanto procurava pelo fígado que parecia não existir. Apenas quando todos na sala começaram a rir também, que me dei conta de que eu era, na verdade, o alvo da brincadeira.

Hoje, olhando para trás, posso dizer com facilidade que essa pegadinha, embora tenha sido um tanto constrangedora na época, foi uma das lições mais instrutivas para minha formação médica. Ela me ensinou a sempre esperar um pouco, antes de examinar um paciente, para esvaziar minha mente de quaisquer pressuposições que eu possa ter.

★ ★ ★

Transformar a mente de um clínico em uma tábula rasa médica não é fácil. Há algumas coisas que sempre tomamos como certas – especialmente se, como parte do treinamento médico, chegamos a alguns pressupostos clínicos a respeito da anatomia e fisiologia humanas.

Na verdade, isso foi ficando ainda mais difícil conforme eu ia me tornando um clínico muito ocupado. Entretanto, se tornou também mais importante, pois quanto mais nos aproximamos de uma medicina verdadeiramente personalizada, passa a ser mais fundamental irmos além de nossas pressuposições.

Ainda existem, contudo, algumas coisas que acreditamos ser verdadeiras para todas as pessoas. No que diz respeito à nossa saúde, a genética que subjaz aos nossos cílios é decididamente importante. Ajudar os embriões a decidir onde formar seus órgãos internos não é tudo que os cílios fazem. Eles também estão envolvidos na formação estrutural interna dos rins, fígado e até mesmo dos olhos.[12] Assim como as mãos de Naranjo percorrendo uma peça de mármore, cílios modificados ajudam até mesmo a proporcionar uma boa formação dos ossos, à medida que ajudam as células a se orientar espacialmente em três dimensões.

No fim das contas, não há quase nenhum lugar no nosso corpo onde os cílios não desempenhem algum papel importante. Apesar disso, eles continuam sendo uma das estruturas menos estudadas de nossa anatomia.

Sem os genes que nos dão cílios funcionais, não teríamos lateralidade. E sem lateralidade, nossos órgãos internos e cérebro não se formariam da maneira apropriada. É por isso que a lateralidade se encontra no âmago da vida conforme a conhecemos. Como veremos a seguir, a lateralidade tem implicações genéticas indescritivelmente profundas, implicações estas que podem ser literalmente de outro mundo.

* * *

Às vezes, nós simplesmente temos que escolher um lado. Testemunhei um exemplo cômico disso na vida real alguns anos atrás, enquanto me preparava para atravessar uma ponte entre a Tailândia e o Laos. Os tailandeses dirigem do lado esquerdo e os laocianos dirigem do lado direito. Quando a fronteira se abriu naquela manhã houve uma dose substancial de caos e graça enquanto os motoristas tentavam compreender de que lado da ponte eles deveriam atravessar. O mesmo ocorre dentro do nosso corpo. Sem escolher um lado, rapidamente nos sentiríamos perdidos em um mundo de caos molecular e desenvolvimental. Por isso, quase tudo está configurado de forma tal que seja orientado para a esquerda ou para a direita. E, a despeito do que todos os "direitos" desse mundo possam ter feito você acreditar, nossa bioquímica interna parece favorecer as chamadas configurações moleculares "canhotas".

Pense nos vinte aminoácidos diferentes que operam juntos para construir milhões de combinações proteicas distintas. Em um nível muito básico, nossos corpos utilizam os aminoácidos como blocos de materiais de construção que conferem aos nossos corpos sua forma e função. A ordem específica pela qual os aminoácidos se enfileiram é ditada por informações proporcionadas e traduzidas a partir de nossos genes. Uma mudança em uma letra de DNA pode alterar o aminoácido que é utilizado na construção de uma proteína, e isso pode também modificar completamente a capacidade que tal proteína tem para realizar seu trabalho. E, obviamente, isso faz com que os aminoácidos e a ordem em que estes são dispostos sejam extremamente importantes.

Os aminoácidos (salvo uma única exceção: a glicina) são quirais, o que significa que pode haver aminoácidos destros (dextrogiros) e aminoácidos canhotos (levogiros). Na verdade, quando os criamos sinteticamente em laboratório, com frequência obtemos uma mistura numericamente igual de dextrogiros e levogiros.

Não há nada de errado com os aminoácidos dextrogiros. Eles sem dúvida podem se comportar exatamente como os levogiros. Se você os empilhar uns sobre os outros, como cadeiras de plástico, eles se mostrarão igualmente estáveis. Mas, por algum motivo, a biologia nesse planeta parece ter preferência pelos levogiros.

Se você estiver pensando agora que as coisas estão começando a soar um pouco como coisas de outro mundo, então você está no caminho certo, de acordo com uma teoria que está sendo desenvolvida por cientistas da NASA. E ela é quase que literalmente de outro mundo.

Depois de procurarem alguns fragmentos de um meteorito que caíram no lago Tagish, no noroeste do Canadá, no inverno do ano 2000, cientistas da NASA colocaram as amostras em água quente. Em seguida, separaram as moléculas parte por parte, utilizando uma técnica denominada cromatografia líquida acoplada à espectrometria de massas, um processo laboratorial comum para isolar moléculas individuais de um aglomerado de moléculas.

Pois eles encontraram aminoácidos.

Mas a turma da NASA não se deixou impressionar por isso. Eles seguiram em frente. Começaram a separar os levogiros dos dextrogiros. O que encontraram foi uma quantidade de aminoácidos orientados para a esquerda significativamente maior que aqueles orientados para a direita.[13] A implicação disso, caso essa pesquisa se sustente, é que o excesso de aminoácidos levogiros que temos na Terra pode ser oriundo de alguma galáxia muito, muito distante. E isso pode significar que o nosso próprio cantinho no universo se inclina só um pouquinho para a esquerda.

* * *

Vou contar um dos maiores segredos que a indústria de suplementos preferiria que você nunca viesse a saber: algumas das vitaminas que você está comprando e consumindo estão te fazendo mais mal do que bem. Tudo isso graças à lateralidade. Um exemplo disso é a vitamina E. Você deve saber que ela é um poderoso antioxidante. Em 1922, nós a chamávamos de tocoferol, com origem etimológica no grego "trazer criança", pois sabíamos naquela época que a deficiência dessa vitamina levava à infertilidade em ratos.

A vitamina E se encontra em uma variedade de alimentos que usamos, incluindo as verduras. E, sim, ela é conhecida por proteger as membranas celulares do ataque perigoso da oxidação. Mas isso não é tudo o que ela faz. Também aprendemos que a vitamina E pode alterar de forma dramática a expressão de certos genes, incluindo aqueles associados à divisão celular – processo que precisa acontecer milhões de vezes por dia para manter nossas vidas.[14]

De onde vem a vitamina E usada nos suplementos? A vitamina E, como a maioria dos suplementos disponíveis comercialmente hoje em dia, é produzida artificialmente em fábricas de químicos.

A forma de vitamina E mais frequentemente encontrada nos suplementos é o alfa-tocoferol, o qual, por sua vez, pode existir em oito formas diferentes denominadas estereoisômeros. Apenas uma dessas formas é realmente encontrada nos alimentos naturais que comemos. E já há muitas décadas sabemos que, quando em dosagens altas, o alfa-tocoferol faz baixar os níveis do gama-tocoferol naturalmente presente na nossa dieta.[15] Em outras palavras, a versão em cápsulas pode neutralizar uma das formas naturalmente onipresente de vitamina E. Desse modo, eu sugiro que você ignore as cápsulas e os comprimidos em forma de personagens de desenhos animados, e, em vez disso, coma alimentos ricos em vitamina E, como nozes e outras variedades de castanhas, damasco, espinafre e inhame. A natureza, no fim das contas, costuma ser um árbitro bastante razoável a respeito dos tipos de variantes de vitamina E dos quais realmente necessitamos.

Obtermos nossas vitaminas diretamente de refeições balanceadas é benéfico também em outro sentido: torna muito mais difícil que você acabe ultrapassando a dosagem necessária.

A essa altura, suponho que eu provavelmente nem precise mencionar o fato de que seu genótipo específico pode ter um impacto significativo na maneira como você metaboliza vitaminas sintetizadas. Na verdade, um estudo recente chegou mesmo a identificar três variações genéticas que afetam a maneira como os homens respondem à suplementação de vitamina E.[16]

Seja como for, a palavra-chave para a maioria das pessoas é simplesmente a equabilidade, pela qual o equilíbrio do nosso corpo, nossa vidas e até mesmo de nosso universo depende da quantidade certa de desequilíbrio.

Dessa maneira, nossos genes nos ajudam a escolher entre a direita e a esquerda. Devemos nossa vida e o desenvolvimento normal de nosso cérebro a esse balanço bem orquestrado de lateralidade. Se não tivéssemos os genes certos sendo ativados no momento preciso, seríamos todos misturas desconexas por dentro e por fora, desde o baço até as pontas dos dedos.

CAPÍTULO 8

SOMOS TODOS X-MEN
O que xerpas, engolidores de espadas e atletas geneticamente dopados nos ensinam a respeito de nós mesmos

Há uma máquina de Coca-Cola no topo do Monte Fuji. Isso é praticamente tudo de que consigo me lembrar do momento em que estive no pico da montanha mais alta do Japão.

Infelizmente, há muitas outras coisas de que me recordo da escalada em si, à qual dei início ao crepúsculo, na Terra do Sol Nascente. A maior parte das pessoas leva cerca de seis horas para alcançar o cume, e aqueles que fazem o percurso à noite (que foi o que fiz, com a intenção de conseguir chegar ao topo com uma boa folga de tempo para assistir ao nascer do sol) são advertidas a contar com a possibilidade de levar algum tempo a mais.

Mas eu era jovem, saudável e confiante de que deixaria todos os outros para trás no meio da poeira vulcânica daquela imensa e bela montanha. Eu planejava fazer uma parada no caminho, em uma das cabanas para descanso cheias de gente, para tomar uma tigela de sopa com macarrão e talvez para uma rápida e revigorante soneca, e em seguida continuar, de modo a chegar ao cume a tempo de criar uma bela memória da qual me orgulhar.

Cara, eu estava delirando.

Chegar à almejada parada para descanso foi a parte fácil, embora eu tenha levado um bocado a mais de tempo do que havia imaginado. Quanto mais alto eu chegava, mais lento eu ficava. Minhas pernas não estavam cansadas, mas a mente, sim. Eu sabia que tinha dormido bem, umas oito horas na noite anterior, mas dizia a mim mesmo que devia ter sido um sono agitado, talvez devido à minha excitação por essa tão ansiada escalada.

Sim, eu achava que devia ter sido isso.

Não obstante, eu estava determinado a alcançar o cume antes do amanhecer. Abri mão do meu planejado *inemuri* – é assim que os japoneses chamam uma soneca revigorante –, engoli minha tigela de sopa, enchi minha garrafa térmica de metal com chá-verde quente e peguei a trilha.

E então, como um mestre de caratê, a montanha respondeu à altura. E a resposta foi dura.

Passei o restante da escalada lutando contra a chuva, depois granizo, depois pedras de gelo. Mas o clima não foi o maior dos problemas, nem de longe.

Minha cabeça latejava. Eu tinha náuseas e vertigens. O mundo estava girando. Imagine a ressaca mais impiedosa que você já teve; o que senti foi pior ainda. Sentei-me todo encolhido na lateral da trilha, incapaz de prosseguir e completamente perdido quanto ao que fazer em seguida.

Minha mente simplesmente se recusava a trabalhar.

Então, em meu resgate, surgiu uma senhora idosa japonesa. Eu a havia conhecido na base da montanha algumas horas antes, quando ela havia me pedido para ajudá-la a se manter em pé enquanto ela tentava entrar em uma roupa de frio grande demais para o seu tamanho. Ela havia apontado orgulhosamente para seus quadris e seu joelho esquerdo, para me mostrar que tinha feito um *upgrade* recente, de implantes de aço inoxidável e titânio. Por isso eu tinha certeza de que ela não chegaria sequer à metade do caminho naquela subida. Na verdade, para ser honesto, diante do tempo ruim e da dificuldade da escalada, eu estava bastante preocupado com ela.

Agora, ali estava eu, sendo ajudado por uma mulher com quase 90 anos de idade, que vinha mancando graciosamente pela montanha com a ajuda de dois bastões. Ela parou para pegar minha mochila e me ajudou a ficar de pé.

Eu tinha a convicção de que nada poderia ser mais humilhante. Mas estava enganado. Para meu completo espanto, e também daqueles que se encontravam por perto, descobri naquele momento quantos gases um ser humano é capaz de produzir.

É isso mesmo: eu escalei o Monte Fuji à base de peidos.

Eu já tinha ouvido falar de hipóxia hipobárica, falta de oxigênio disponível em decorrência da queda na pressão atmosférica. Mas eu nunca havia vivenciado isso antes daquela noite, e minha mente não estava em condições de perceber que aquelas flatulência, vertigem, confusão e exaustão faziam parte do que se costuma chamar de mal da montanha, ou doença das alturas.

Mas por que aquilo estava acontecendo especificamente comigo, e não com minha doce e idosa parceira de escalada? Por que ela era capaz de seguir em frente conversando, carregando minha mochila junto à dela e ainda olhar para trás às vezes, com seus sorrisos cheios de dentes para me animar, enquanto eu lutava desesperadamente para prosseguir?

Bem, o que acontece é que meus genes aparentemente me fazem um pouco mais suscetível que a maioria à doença das alturas. Em vez de me ajudar a escalar o Monte Fuji, minha herança genética fazia eu sentir todo o peso do mundo.

Se ao menos eu fosse um pouquinho mais xerpa.

* * *

Quase todas as civilizações têm uma história a respeito de como seu povo chegou aonde hoje está. Quase todas essas histórias têm a ver com uma jornada física. Uma viagem cruzando o mar, uma marcha por um deserto estéril, a travessia de uma cadeia de montanhas escarpadas.

Há bons motivos para isso. Embora hoje em dia possamos nos sentir separados pelas diferenças de linguagem, cultura e política, nossa história humana coletiva é uma história de movimento: a procura por pastos mais verdes, uma busca de mares generosos. E, conforme as pessoas viajam, o mesmo se dá com seus genes. Na verdade, somos todos migrantes genéticos.

HERANÇA

Atualmente, com a ajuda de técnicas de mapeamento genético bem disseminadas, estamos conseguindo efetuar uma exploração científica cada vez mais completa das histórias das origens. Entretanto, ainda existem muitas lacunas a serem preenchidas e histórias ainda a serem descobertas.[1]

Na minha opinião, uma das mais fascinantes dessas histórias é a dos xerpas, que se acredita terem chegado há cerca de quinhentos anos a um local específico da cordilheira do Himalaia, vindos de outras regiões do planalto do Tibete. Foi o mais próximo que conseguiram chegar de um pico sagrado que eles chamam de Chomolungma.[2]

É mais provável que você o conheça como monte Everest.

O maior problema decorrente de se estar tão perto da Mãe do Mundo, como o pico é conhecido pelos xerpas, é que essa grande matriarca existe em meio a uma escassez da própria substância que torna a vida humana possível nesse planeta. A uma altitude de mais de quatro mil metros, o povoado tibetano de Pangboche, o vilarejo xerpa mais antigo do mundo, se situa quase dois mil metros acima da altitude em que muitos começam a sentir os efeitos da hipóxia hipobárica. Eu, pelo menos, não estou planejando uma nova visita tão cedo.

Então, o que acontece à maioria das pessoas nessa altitude? Bem, aqueles que subirem bem gradualmente talvez sintam não mais que uma leve dor de cabeça, fadiga, náuseas ou, até mesmo, euforia.[3]

Entretanto, como veremos a seguir, aqueles que não herdaram genes específicos para viver em grandes altitudes podem sofrer as consequências, como aconteceu comigo. Mesmo que você não tenha a constituição genética que faz com que viver em grandes altitudes seja confortável, existem algumas coisas que você pode fazer. Você pode levar um tempo tentando se aclimatar à medida que sobe, permitindo que seu genoma, por meio da expressão gênica, ajude a fazer os ajustes necessários.

Há também alguns remédios que você pode tomar – uns precisam de prescrição, outros, não. Alguns grupos de indígenas sul-americanos mascam folhas de coca para lidar com os sintomas associados à doença das alturas. Há também relatos que sugerem que a cafeína pode ser útil em grandes altitudes.[4] Talvez seja por isso que a latinha de Coca-Cola no topo do Monte Fuji tenha tido um sabor tão delicioso para mim. Mas, naquele momento em que a tomei, julgava que era por ter pago dez dólares pela honra de estar experimentando "o lado Coca-Cola da vida".[5]

Na maioria das vezes em que passamos um tempo longo em locais muito elevados, nossos genes começam a ajustar sutilmente sua expressão, o que provoca nas células dos rins uma reação de produzir e secretar mais eritropoietina, ou EPO. Esse hormônio estimula células presentes em nossa medula óssea a aumentar a produção de glóbulos vermelhos do sangue, assim como a manter ativos aqueles já em circulação para além de seu prazo típico de expiração.

Nossos glóbulos vermelhos normalmente constituem um pouco menos da metade do conteúdo do nosso sangue, e os homens costumam ter uma quantidade um pouco maior que as mulheres. Quanto mais glóbulos vermelhos temos, mais capazes somos de absorver e distribuir o oxigênio vital de que nossos corpos necessitam para sobreviver. Isso porque os glóbulos vermelhos são como pequenas esponjas de oxigênio. E quanto maior for a altitude em que você se encontrar, menos oxigênio haverá no ar, de modo que maior será o número de glóbulos vermelhos de que terá necessidade. A fisiologia de nosso corpo reconhece essas mudanças e sinaliza aos nossos genes que estes alterem sua expressão de modo a acomodar tais mudanças.

Quando você precisa produzir mais EPO, seu corpo aumenta a expressão de um gene de nome similar. Isso serve como um molde genético para a produção de mais EPO. Entretanto, nada em nossa vida biológica é de graça. Por isso, a EPO precisa trabalhar mais ou menos como um lobista de Washington, D.C., convencendo membros do Congresso a gastarem um pouco mais de capital na produção de glóbulos vermelhos quando a disponibilidade de oxigênio no seu corpo diminui. E, exatamente como acontece em Washington, o aumento de fundos dedicados a um projeto preferido costuma se dar às custas de outro projeto. A moeda biológica corrente, afinal de contas, não difere tanto assim das verdinhas – e como todas as formas de alocação de capital, sempre há alguns custos não previstos.

No caso do aumento nos gastos com EPO – que faz com que você tenha uma quantidade maior de glóbulos vermelhos –, outro custo biológico é que o sangue se torna mais espesso. Assim como um óleo de motor de alta viscosidade, seu sangue passa a circular um pouco mais lentamente através do sistema. E isso, obviamente, aumenta a probabilidade de se formarem coágulos.

No entanto, desde que o sangue não fique demasiado espesso por tempo demais, uma pequena produção genética extra de EPO pode ser exatamente aquilo de que o seu corpo necessita para aumentar o fluxo de oxigênio. Da mesma maneira como a ausência de oxigênio pode fazer com que você se sinta letárgico, um excedente pode dotar o seu corpo da capacidade de utilizar e queimar mais energia. É por isso que a EPO sintética tem se revelado um presente para os combalidos por disfunções renais, e que sofrem de anemia como consequência disso.

Mas, por esse mesmo motivo, a EPO sintética se tornou uma queridinha para alguns no mundo dos esportes que exigem alta resistência. Isso pelo menos até essa substância começar a ser detectada em exames. Entre aqueles que admitiram ou foram flagrados lançando mão desse "doping" com EPO sintética figuram nomes como os ciclistas Lance Armstrong e David Millar e a triatleta Nina Kraft.

Nem todas as pessoas, porém, precisam tomar EPO sintética para obterem uma pequena vantagem competitiva. Tomemos como exemplo Eero Antero Mäntyranta. O lendário esquiador internacional que conquistou sete medalhas olímpicas para a Finlândia, na década de 1960, é afetado por uma condição genética denominada *policite-*

mia familiar e congênita primária, ou PFCP, o que significa que ele possui naturalmente níveis mais altos de glóbulos vermelhos pulsantes em suas artérias e veias. E isso quer dizer que ele apresenta uma vantagem genética quando se trata de competições aeróbicas.

Então, eis a questão: se algumas pessoas possuem uma vantagem genética natural – uma capacidade de carregar oxigênio extra no sangue, por exemplo –, seria realmente injusto que seus adversários procurassem se elevar ao mesmo nível? Vamos deixar as coisas claras: não estou advogando em favor do doping. Mas, conforme aprendemos mais a respeito de como a herança genética impacta nossas vidas, precisaremos enfrentar o fato de que alguns já nascem com um doping genético.

Seria ridículo reduzir as conquistas olímpicas de Mäntyranta unicamente aos genes que ele teve a sorte de herdar. Até mesmo quando se trata de um atleta que goza de vantagens biológicas, o nível de treinamento requerido para competir internacionalmente é extremo. Entretanto, assim como acontece com os 2,16 metros de altura do jogador de basquete Shaquille O'Neal, e a envergadura incomum dos braços e os pés enormes do nadador Michael Phelps, seria um pouco ingênuo fazer de conta que a herança genética ímpar de Mäntyranta não tenha sido um fator significativo para seu sucesso.

Devido à vasta diversidade de tamanhos do corpo humano, faz tempo que lutadores de luta livre e boxe competem de acordo com suas categorias de peso. Pilotos da Stock Car competem em um sistema no qual todos os carros são construídos de acordo com as mesmas especificações básicas. E, obviamente, homens e mulheres quase sempre competem em separado nos esportes profissionais, visto que homens adultos tendem naturalmente a ter vantagens sobre mulheres adultas em termos de altura, peso e força. Tudo isso são maneiras mais ou menos arbitrárias de manter as competições tão justas quanto possível.

Então, por que seria inconcebível que possamos um dia competir também de acordo com classes genéticas?

A herança genética cardiovascular turbinada de Mäntyranta, aliás, resulta da mudança de uma única letra em seu DNA. A alteração foi em um gene que serve como molde para uma proteína que é receptora da EPO. Em vez de um G (guanina) na posição de nucleotídeo 6002, Mäntyranta e cerca de trinta membros de sua família possuem um A (adenina) em um gene conhecido como *EPOR*. Essa modificação em 0,00000003% no genoma de Mäntyranta foi suficiente para fazer com que o gene *EPOR* fabricasse uma proteína que na verdade era sensível à EPO, o que resultou na produção de um número muito maior de glóbulos vermelhos. Sim, apenas uma letra em um campo de bilhões foi suficiente para que a proteína correspondente feita a partir do gene *EPOR* conferisse a ele um aumento de 50% na capacidade de carregar oxigênio em seu sangue.[6]

Todos nós carregamos algumas alterações mínimas de uma única letra ou nucleotídeo em nossos genomas.

Quanto mais próximo for o parentesco entre duas pessoas, mais semelhantes serão seus genomas. Conforme já sabemos a essa altura, uma vez que os nossos genomas codificam módulos como nosso corpo é montado, quanto mais semelhantes forem dois genomas – pense, por exemplo, em gêmeos monozigóticos, ou "idênticos" – mais as duas pessoas em questão serão fisicamente parecidas. Agora, se você não se parece nem um pouco com seus irmãos ou irmãs, isso não significa que vocês não tenham qualquer parentesco entre si. O que deve ter acontecido nesse caso é que provavelmente cada um herdou uma combinação diferente e única de genes de seus pais.

E aquilo que você herdou também foi moldado pelo modo como seus ancestrais viveram. Como vimos anteriormente, no caso da intolerância à lactose, se os seus ancestrais não criavam animais para consumir o leite, então é provável que geneticamente você não tenha tido sorte no que se refere a poder saborear um sorvete na vida adulta. E muitas das nossas adaptações não terminam por aqui.

Essa conversa nos traz de volta aos xerpas, para os quais, graças à constituição genética única, sobrou – por uma questão de orgulho cultural e necessidade econômica – o perigoso fardo de ajudar montanhistas do mundo inteiro a alcançar o cume da maior montanha do mundo (com 8.848 metros de altura, fica somente um pouco mais baixo do que a altitude em que voam os aviões da maioria das empresas de aviação comercial). Esse povo fantástico abriga em seu seio um homem humilde chamado Apa Sherpa, que no ano de 2013 compartilhou com outro alpinista o recorde mundial de maior quantidade de subidas ao Everest, incluindo as quatro vezes nas quais subiu sem contar com ajuda de oxigênio suplementar. Quando menino, Apa nunca havia pensado em escalar a montanha uma só vez que fosse, mas quando percebeu que era bom nisso encontrou, assim, uma maneira de ajudar sua família.[7]

Como pode esse homem ser tão bom em subir uma montanha que, até o ano de 1953, nunca havia sido tocada pelos pés de um ser humano? Na verdade, como podem os xerpas ser aparentemente tão bem adaptados a viver nesse ambiente de tamanha altitude?

Bem, como você já deve ter adivinhado, alguns membros dessa comunidade étnica herdaram uma alteração genética mínima que resultou em profundas diferenças nas suas vidas. No caso deles, a alteração se encontra em um gene chamado *EPAS1*. Em vez de produzir mais glóbulos vermelhos para o sangue, esse gene especial xerpa produz glóbulos vermelhos em quantidade menor, o que parece ter o efeito de embotar a resposta biológica dos xerpas à EPO.

Depois de tudo o que eu disse a você sobre o poderoso Mäntyranta e sua herança genética, à primeira vista isso pode parecer não fazer sentido. Afinal de contas, não seriam os xerpas mais bem adaptados à sua existência atmosférica se tivessem nascido com sangue tão espesso quanto mel, repleto de glóbulos vermelhos, e, assim, cheios de oxigênio?

Bem, certamente… Durante algum tempo. Mas lembre-se: embora um sangue espesso possa ser bom para períodos curtos de tempo, ele também pode ser perigoso, aumentando as chances de derrames devastadores, caso essa condição se prolongue demasiadamente. Os xerpas não são meros visitantes das montanhas do Himalaia; eles moram lá. Por isso, não necessitam de um pouco de sangue bem oxigenado apenas para esquiar ou apostar corridas de bicicleta; eles precisam desse sangue o tempo inteiro.

Em vez de níveis elevados de glóbulos vermelhos no sangue em situações de pouca oferta de oxigênio, o que a configuração genética *EPAS1* ímpar dos xerpas proporciona a eles é estabilidade ao longo do tempo, ou seja, a habilidade de transmitir a quantidade adequada de oxigênio por todo o corpo até mesmo em condições nas quais seja mais difícil obter esse recurso.

Como costuma acontecer a grupos genéticos únicos, os xerpas são, na verdade, um tanto jovens. Apenas para dar uma ideia contextual, é provável que a migração deles para o Everest tenha acontecido mais ou menos na época em que Cristóvão Colombo se preparava para navegar para um lugar que acabaríamos chamando de América do Norte.

A mutação no *EPAS1* específica dos xerpas pode, na verdade, constituir um exemplo de que a seleção natural continua atuando. Alguns pesquisadores acreditam que esse seja o caso de evolução humana mais rápido que já foi documentado até hoje.

Em outras palavras, as condições de vida com baixo oxigênio dos xerpas mudaram rapidamente os genes que eles haviam herdado, os quais hoje estão sendo passados de geração a geração.

E é provável que você tenha herdado essas mutações também. Talvez não em seus genes *EPOR* ou *EPAS1*, mas provavelmente em genes que auxiliaram seus próprios ancestrais a sobreviver. Conforme vamos mapeando mais e mais genomas, vamos nos familiarizando com os polimorfismos para um único nucleotídeo (alterações em uma única letra do código genético de uma pessoa, SNP na sigla em inglês) que são distintos, de uma maneira sutil e magnífica, entre grupos de pessoas por todo o mundo. Assim, conseguimos entender melhor a história de nossos ancestrais – e, dessa maneira, descobrimos ainda mais a respeito de nós mesmos.

Sentado no topo do monte Fuji, observando o sol despontar lentamente no céu, anunciando a aurora, eu não conseguia acreditar que meus pés estivessem daquele jeito. Eu estava tão ocupado com a náusea e a flatulência que acompanharam minha subida ao alto da montanha, que nem havia percebido que meus pés doíam e estavam cheios de bolhas. Depois de um tempo sentado, bebericando minha latinha de Coca-Cola, retirei minhas botas para avaliar o estrago. Achei que meus pés não estivessem tão mal assim, até que acabei de tirar minhas meias. Meus dedões pareciam estar pagando sozinhos o preço da escalada. Com toda a chuva, minhas botas tinham ficado encharcadas, o que transformara meus dedões em minissalsichas inchadas e incrivelmente doloridas. E eu sabia o que viria em seguida: uma descida de longas horas montanha abaixo. Enquanto eu pensava no que fazer em seguida, fantasiava que, além de ser um pouquinho mais xerpa geneticamente, para não sentir enjoos em altas altitudes, não seria bom uma vida completamente sem dor?

★ ★ ★

Em algum ponto de nossas vidas todos nós ficamos familiarizados com algum tipo de dor. Pode ser uma de suas memórias de infância mais remotas. Pode ser que você esteja sentindo alguma nesse exato momento. Mas uma coisa é certa: a dor, especialmente quando é uma daquelas do tipo crônico, é algo muito sério. Talvez você se surpreenda ao saber que estima-se que, apenas nos Estados Unidos, gastam-se até 635 bilhões de dólares por ano somente[8] no combate à dor, um valor superior aos custos associados a condições como as doenças cardíacas e o câncer. Olhando para os meus pés no alto do Monte Fuji, eu sabia que a dor que sentia não era nada grave, e que provavelmente era apenas temporária (pelo menos essa era minha esperança). Entretanto, infelizmente não é essa a realidade para milhões de pessoas cujas vidas se encontram cronicamente debilitadas por dores cujo custo nenhuma cifra em dólares é capaz de aplacar.

Enquanto contemplava a paisagem colocando as meias molhadas de volta nos pés cheios de bolhas, não havia nada que eu quisesse mais naquele momento do que ter pelo menos um pequeno alívio para aquela dor latejante. Eu imaginava como seria me transformar em algum daqueles personagens de revistas em quadrinhos com habilidades super-humanas. Eu sabia que não era o único com tal desejo. Na verdade, o que a maioria das pessoas não daria para serem imunes à dor? Mas, antes que esses desejos sejam atendidos, precisamos conhecer uma menina de 12 anos de idade chamada Gabby Gingras.

Logo após Gabby ter nascido, em 2001, seus pais notaram que aquele bebê tinha algo de incomum. Ela arranhava o próprio rosto. Enfiava os dedos nos olhos. Batia a cabeça nas grades do berço sem chorar. E quando seus dentes começaram a aparecer – uma experiência extremamente dolorosa para a maioria das crianças –, Gabby não parecia realmente se incomodar.[9]

Também havia as mordidas. Muitas crianças mordem seus pais e irmãos. E os dentes são, obviamente, um motivo comum para as mães pararem de amamentar. Mas Gabby não estava apenas mordendo outras pessoas; ela estava mordendo a si mesma. Ela enterrava os dentes na própria língua até esta ficar parecida com um hambúrguer cru. Ela mastigava os dedos até que ficassem ensanguentados.

Alguns meses foram necessários para que os médicos encontrassem a resposta de por que essa linda bebezinha estava se machucando tanto: Gabby é uma de um número muito restrito de pessoas no mundo inteiro que sofrem de uma condição genética chamada insensibilidade congênita à dor com anidrose. Essa condição faz com que essas pessoas não sintam dor alguma em determinadas partes do corpo ou mesmo no corpo inteiro.

É possível que haja um número maior de pessoas nascidas com essa condição muito rara, mas elas não sobrevivem por muito tempo. O motivo é que uma vida sem dor é na verdade uma vida muito difícil.

Mesmo depois que os pais de Gabby compreenderam por que a filha estava se machucando, não havia muito que eles pudessem fazer para protegê-la por completo. Ainda faltavam anos para que Gabby tivesse idade suficiente para conseguir entender seu problema. Nesse meio-tempo, tudo o que poderiam fazer era se esforçarem ao máximo para protegê-la dela mesma. Tiveram que tomar a difícil decisão de retirar preventivamente todos os dentes de leite da sua boca. Entretanto, isso fez com que os dentes definitivos crescessem antes do tempo – e também esses foram prontamente removidos.

Embora seu olho direito estivesse bem prejudicado pelas inúmeras vezes em que ela o havia cutucado, os médicos conseguiram salvá-lo costurando-o e assim mantendo-o fechado por um tempo. Assim que seu olho ficou melhor, Gabby foi forçada a usar óculos de natação quase em tempo integral. Seu olho esquerdo, porém, não pôde ser salvo, foi removido quando ela tinha 3 anos de idade.

Por mais que preferíssemos não pensar nela quando está presente, a dor, na verdade, nos protege. Ela nos ajuda a nos levar da infância para a maturidade, e proporciona o feedback binário de que necessitamos para desenvolver habilidades mais avançadas relativas à tomada de decisões. *Dói quando eu toco aqui? Certo, não vou tocar mais.*

Para que tudo isso aconteça, porém, o corpo precisa ser capaz de transmitir sinais de dor de uma região para outra. Passar a mensagem de dor de uma célula a outra, até chegar ao cérebro, como se fosse um serviço de correio expresso microscópico, é um processo dependente de proteínas específicas.

Isso se tornou visível quando mutações em um gene chamado *SCN9A* foram descobertas em uma condição rara e similar à de Gabby, chamada de insensibilidade congênita à dor.[10] A diferença entre as pessoas que são insensíveis à dor e as demais pessoas nesse planeta se resume a uma pequena variação na versão do gene *SCN9A*.

Mudanças no *SCN9A* e em outros genes relacionados podem levar a uma família de doenças chamadas de canelopatias. O termo simplesmente se refere às diferentes condições que se acredita resultarem de entradas disfuncionais que se situam na superfície de nossas células e mediam ou determinam o que entra e o que sai. No caso de pessoas que não sentem dor alguma, a proteína produzida a partir do gene *SCN9A* interrompe o envio do sinal. A mensagem é disparada, mas em vez de seguir em frente em uma nova e selvagem aventura, o cavalinho do correio e o cavaleiro ficam parados lá, matando o tempo no curral.

HERANÇA

A descoberta do *SCN9A* e de sua associação com a transmissão da dor aconteceu depois que cientistas do Cambridge Institute for Medical Research decidiram examinar os relatos de um menino em Lahore, no Paquistão. Esse garoto havia declarado possuir uma habilidade super-humana de ser imune à dor. Como se fosse um porta-alfinetes humano, ele vivia à custa de sua aparente incapacidade de sentir dor, realizando performances de rua, empalando a si mesmo com todos os tipos de objetos pontiagudos (nenhum deles esterilizado), engolindo espadas, caminhando sobre carvão em brasa, e tudo isso sem expressar o menor sinal de incômodo. Volta e meia ele ia parar em um hospital local para fazer curativos em seus ferimentos, depois de haver se apunhalado com facas. Quando os cientistas chegaram a Lahore, tragicamente, o garoto havia morrido, às vésperas de completar 14 anos; ele havia saltado de um prédio para impressionar seus amigos. Entrevistas com parentes da família do rapaz revelaram a existência de vários outros membros que relatavam nunca ter sentido dor, e uma investigação de seu *pool* genético demonstrou que todos eles tinham uma coisa em comum: a mesma mutação no gene *SCN9A*. Eu sempre fico perplexo pela incrível gama de efeitos que derivam das mais sutis alterações em nosso código genético e sua expressão. Basta uma mudança em uma única letra em uma série de bilhões de letras, e você obtém ossos que se quebram sob a mínima pressão. Outra pequena alteração na expressão, e você não teria esses ossos quebrados de maneira alguma.

No que tange à dor, as coisas vêm progredindo muito rapidamente desde a descoberta do gene *SCN9A*. Hoje possuímos uma lista crescente de outros genes (já são quase 400) que desempenham um papel instrumental na maneira como nossas vidas são impactadas pela dor. Todas essas descobertas estão nos levando a uma nova linha de pesquisa sobre como – em um futuro muito próximo – poderemos vir a ser capazes de calibrar seletivamente a intensidade de alguns tipos de dores crônicas. A palavra *seletivamente* é a chave aqui, pois, conforme aprendemos com Gabby e o menino de Lahore, os efeitos protetivos da sensação de dor imediata são vitais à nossa sobrevivência.

Muitas das pequenas diferenças em nossa herança genética desempenham um papel muito maior do que o de simplesmente mediar nossa resposta à dor. Compreender como todas elas se ligam constitui o próximo grande desafio da pesquisa na qual estou envolvido.

★ ★ ★

Quando o genoma humano foi publicado pela primeira vez, a correria era para identificar genes relacionados a traços específicos – e a maioria dos frutos que pendiam dos galhos mais baixos foi rapidamente colhida. Muitas das condições genéticas que identificamos até o momento são monogênicas. Como no caso do garoto de Lahore que não sentia dor, essas mudanças podem advir de alterações em um único gene. Muito mais trabalhosa é a tarefa de desemaranhar a complicada teia de fatores que dão origem a condições como o diabetes e a hipertensão, que provavelmente envolvem mais de um gene.

Para que se tenha noção do desafio implicado nessa tarefa, imagine-se tentando caminhar de acordo com um padrão específico do quarto de dormir à sala de aula, em seguida ao pátio, depois ao laboratório e à biblioteca, e depois percorrendo todo o trajeto de volta – tudo isso movendo-se sobre a grande escadaria que está sempre mudando na Escola de Magia e Bruxaria de Hogwarts do Harry Potter. Basta a mínima pisada em falso, e você cai de volta ao local de onde começou. Esse tipo de complexidade pode ser enlouquecedor e frustrante, particularmente quando o que está em jogo – como é muitas vezes o caso – é uma questão de vida ou morte.

Atualmente, a tendência em genética é de não olhar apenas para genes específicos e aquilo que eles fazem, mas sim apreciar melhor o que nossa herança genética faz como rede – e, obviamente, compreender como nossas experiências de vida afetam esse sistema intricado por meio de mecanismos como a epigenética.

Complicando mais as coisas, temos o desafio ainda maior de compreender como as experiências de vida de nossos pais e outros antepassados relativamente recentes também estão impactando nossos atuais e variados cenários genéticos. Saber o que essas mudanças significam para nós em particular irá nos ajudar a tomar melhores decisões a respeito de tudo, desde em que aventuras nos lançarmos (chega de escalar montanhas para mim), onde viver (você não me verá me mudando para Alma, no Colorado, 3.224 metros de altitude, tão cedo) e, conforme discutimos em detalhe no capítulo 5, aquilo que comemos (continuo adorando meu nhoque de semolina, embora prefira comê-lo ao nível do mar).

Todos esses elementos – e muitos outros – com que somos geneticamente dotados são partes e pacotes de nossa herança genética única.

Fora a máquina de Coca-Cola e meus pés doloridos, não lembro de muitas coisas sobre quando estive no topo do Monte Fuji. Mas lembro de ter visto o nascer do sol. E lembro de ter olhado ao meu redor naquele momento os rostos de todas aquelas pessoas que estavam compartilhando aquela experiência comigo. Havia pessoas de todas as idades. Algumas tinham a aparência revigorada e rejuvenescida, como se tivessem passado a noite dormindo o melhor dos sonos, e não acabado de escalar uma montanha. Pareciam tão brilhantes como aquele sol da manhã – enquanto outras, como eu, pareciam estar próximas do colapso.

E mal o sol emergira através das nuvens, já estávamos no caminho de volta.

Nosso guia se aproximou, com um braço esticado, apontando para algum lugar abaixo das nuvens. Era hora de todos nós fazermos o trajeto de volta, montanha abaixo. Enquanto recolhia minhas coisas, fuçava à procura de um par de meias novas para me preparar para a descida. Não parava de pensar que, apesar de não possuir genes xerpa, eu havia conseguido alcançar o cume do Monte Fuji, o que para mim era um símbolo da capacidade humana de superar as supostas limitações de nossa herança genética. Afinal de contas, ser um super-herói tem mais a ver com fazer escolhas super-heroicas, dia após dia, independentemente de quais genes herdamos.

CAPÍTULO 9

HACKEANDO SEU GENOMA

Por que as grandes empresas de tabaco e de seguro, seu médico e até mesmo a pessoa amada desejam decodificar o seu DNA

O câncer é a peste negra dos dias de hoje. E isso, por si só, pode ser visto como um sucesso. Afinal de contas, fomos extremamente longe em nossos esforços de domar muitas das doenças infecciosas que ocupavam o posto máximo de matadoras de nossa espécie durante a maior parte da história humana. Hoje em dia, no mundo desenvolvido, um dos maiores perigos chega a nós não por meio de ratos ou carrapatos, vírus ou bactérias, mas sim de dentro de nós mesmos. Cerca de 7,6 milhões de pessoas morrem de câncer a cada ano no mundo. Coloque dez pessoas em um quarto e você terá quatro indivíduos nesse grupo que em algum momento de suas vidas terão um diagnóstico de câncer.[1] Você conhece alguém cuja família não tenha sido tocada, de alguma maneira, por essa doença? Eu não conheço. E não conheço, tampouco, uma só pessoa que nunca tenha considerado a possibilidade de que ela ou alguém que ela ama possa ter câncer um dia.

Essa não é uma maldição recente. Alguns pesquisadores de arqueologia antropológica acreditam que Hatshepsut, a mulher faraó que governou por mais tempo o Egito, pode ter morrido em decorrência de complicações relacionadas ao câncer.[2] Recuando ainda mais em nossa história evolutiva, paleontólogos encontraram evidências em esqueletos fossilizados de que dinossauros – particularmente os hadrossauros, herbívoros do fim do Cretáceo, que se alimentavam de folhas e cones do que se acredita serem coníferas carcinogênicas – também padeceram deste mal.[3]

Em nossa própria espécie nos dias atuais, o mais prolífico desses matadores malignos é o câncer de pulmão.[4] Embora saibamos que 80 a 90% dos casos de câncer de pulmão envolvem pessoas que fumam, também sabemos que nem todos os fumantes têm a mesma probabilidade de desenvolver a doença.[5] Veja, por exemplo, o caso de George Burns. Em uma de suas últimas entrevistas, o comediante, então com 98 anos de idade, disse à revista *Cigar Aficionado*: "Se eu tivesse seguido o conselho do meu médico e parado de fumar quando ele me disse para parar, eu não teria vivido o suficiente para ir ao funeral dele."[6] Teria a inclinação de Burns por charutos – ele consumiu entre 10 e 15 por dia, durante 70 anos – contribuído para sua longevidade? É pouco provável. Mas, até onde podemos perceber, todos esses charutos El Producto tampouco parecem ter encurtado sua vida.

Algumas pessoas interpretam equivocadamente casos como esse como evidências contrárias à sabedoria vigente, que reza que o tabaco faz mal à saúde. Não se trata de evidência alguma. Por outro lado, embora seja verdade que alguns hábitos – como os de fumar, beber ou comer compulsivamente – aumentam a probabilidade de ocorrência de efeitos adversos (segundo o Centro de Controle e Prevenção de Doenças do governo norte-americano, pessoas que fumam têm probabilidade entre 15 e 30 vezes maior de desenvolver câncer de pulmão do que não fumantes), isso não é o mesmo que dizer que esses efeitos deverão se manifestar (na verdade, somente um entre cada dez fumantes terá câncer de pulmão).

Para ser claro, no entanto, fumar é uma roleta-russa. Além de ser caro. E o fumo indireto também coloca pessoas – geralmente aquelas de quem somos mais próximos – em grande risco.

Então, por que algumas pessoas são capazes de fumar durante toda a vida sem desenvolver câncer de pulmão? Ainda não descobrimos qual é a combinação mágica de fatores genéticos, epigenéticos, comportamentais e ambientais que nos permite prever com precisão quem corre maior risco. Desemaranhar essa teia não será tarefa fácil. Mas é provável que uma certa mistura de fatores genéticos e ambientais desempenhe um papel significativo em termos de diminuir as chances de que uma dada pessoa desenvolva câncer de pulmão em consequência do seu hábito de fumar. Não se têm realizado muitos trabalhos científicos sérios nessa área da saúde humana. Não há muitos cientistas interessados na oportunidade de realizar pesquisas que possam ter o efeito perverso de dizer a certos grupos de pessoas que elas não têm muito com que se preocupar quando colocam um cigarro na boca. Existe, porém, uma indústria altamente interessada nessa linha de investigação científica. É a grande indústria do tabaco.

* * *

Cientistas honestos sabem desde a década de 1920 que existe uma ligação provável entre o hábito de fumar e o câncer de pulmão. E, na verdade, qualquer um que parasse para pensar um pouco sobre o assunto poderia concluir, de modo razoável, que colocar na boca e acender com fogo um pedaço de papel encharcado de produtos químicos e cheio de folhas de tabaco, inseticidas e sabe-se lá o que mais não poderia ser a panaceia que as companhias de cigarro por vezes afirmavam ser.

Sim, os perigos para a saúde continuaram sendo ignorados pelo público ao longo das três décadas seguintes.

Foi quando veio Roy Norr. Quando esse escritor veterano de Nova York publicou pela primeira vez um texto expondo os perigos do fumo, na edição de outubro de 1952 da revista relativamente desconhecida *Christian Herald*, o texto não recebeu muita atenção. Mas quando a *Reader's Digest*, na época a revista de maior circulação no mundo, publicou uma versão condensada do mesmo artigo alguns meses depois, foi como se as comportas tivessem sido subitamente abertas.[7] Nos anos seguintes, jornais e revistas norte-americanos publicaram uma enxurrada de artigos correlacionando o uso do tabaco ao "carcinoma bronquiogênico", como o câncer de pulmão era então chamado.[8]

Esses relatos foram alavancados pela natureza progressivamente sofisticada e quantificável da pesquisa científica que vinha sendo aplicada à medicina – a qual hoje nos parece algo banal, mas na década de 1950 ainda era uma relativa raridade. Podemos considerar esse tipo de pesquisa como um sucesso da ciência, mas na verdade ela nasceu de uma falha da humanidade: meio século de guerra mundial, os primeiros usos de armas nucleares, ataques aéreos em massa e armas químicas e biológicas modernas nos tornaram especialistas em ir ao encontro da morte e em analisá-la. A súbita guerra ao tabagismo foi um dos primeiros contextos em que começamos realmente a transformar dados quantitativos em arados médicos. Isso também se deu no momento perfeito historicamente, quando houve um investimento sem precedentes em verbas para a pesquisa médica, logo após a Segunda Guerra Mundial.

Entretanto, a poderosa indústria do tabaco não demorou para contra-atacar. Naquela época, mais de 40% dos adultos norte-americanos eram fumantes regulares, e o fumante americano médio estava acendendo até 10,5 mil cigarros por ano. Isso totalizava um consumo próximo a 500 bilhões de cigarros anualmente.[9]

A Big Tobbaco* estava fazendo fortuna. E não estava só. Naqueles tempos, a cada maço de cigarro vendido, o governo dos Estados Unidos recolhia uns bons sete centavos.[10] Ao fim de um ano, o montante chegava a 1,5 bilhão de dólares – valor que equivaleria a cerca de 13 bilhões

---

* Expressão que pode se referir à indústria do fumo em geral, mas também às maiores empresas do ramo nos EUA. (N. do P.O.)

atualmente. Isso sem mencionar todos os empregos que os fumantes estavam sustentando nos estados produtores de tabaco, como Virgínia, Kentucky e Carolina do Norte.[11]

Para responder às matérias negativas que vinham da imprensa, a Big Tobacco precisava dar a impressão de estar fazendo *alguma coisa*. Dessa maneira, no que eles chamaram de "A Frank Statement to Cigarrette Smokers" [Uma declaração franca aos fumantes de cigarro], os altos executivos das 14 empresas se reuniram para publicar conjuntamente um anúncio de página inteira em mais de quatrocentos jornais em todo o país. Nesse texto, eles usaram a audaciosa argumentação de que os estudos então recentes relacionando o cigarro a doenças não eram "considerados conclusivos no campo da pesquisa do câncer".

"Acreditamos que os produtos que fabricamos não são prejudiciais à saúde" – prosseguiam os chefões do tabaco. – "Por mais de trezentos anos o tabaco tem propiciado consolo, relaxamento e prazer à humanidade. Em alguns momentos durante os últimos anos, os críticos o responsabilizaram por praticamente todas as doenças do corpo humano. Uma após outra, essas acusações vêm sendo abandonadas devido à falta de evidências."

Entretanto, no mesmo anúncio – e a despeito de sua posição pública de incredulidade –, os chefões da Big Tobacco prometeram fazer algo bastante notável. Eles criariam o Comitê do Instituto de Pesquisa sobre o Tabaco, um corpo independente de investigação científica que seria responsável por rever os estudos mais recentes e conduzir suas próprias pesquisas para melhor compreender as implicações para a saúde do hábito de fumar.

    Talvez não seja de surpreender, contudo, o fato de que esse comitê (posteriormente chamado de Conselho para a Pesquisa em Tabaco) na verdade nada tinha de independente, e sua *real* missão era absolutamente diabólica. Nas décadas que se seguiram, os pesquisadores dessa organização reuniram milhares de artigos científicos e clippings de material publicado na imprensa, procurando por inconsistências e exemplos de resultados contraditórios entre si. Em seguida, fizeram uso dessas informações para formular mensagens de marketing cuidadosamente bem-elaboradas, disputar em batalhas judiciais e esforços de regulamentação, e continuar a cultivar dúvidas a respeito dos perigos reais do hábito de fumar.

    Na liderança dessa missão de desinformação estava Clarence Cook Little, um geneticista cujo trabalho sobre herança mendeliana havia sido extremamente influente nos anos anteriores à Primeira Guerra Mundial, e cujo currículo abrangente incluía passagens breves como reitor da University of Maine e da University of Michigan, assim como cargos mais controversos, como presidente tanto da American Birth Control League e da American Eugenics Society.

    Mas a parte do currículo de Little que de fato enchia os olhos das empresas de tabaco era seu mandato como diretor-geral da American Society for the Control of Cancer, a precursora da atual American Cancer Society.

Ao aparecer como convidado no programa de televisão de Edward R. Murrow, chamado *See it Now*, em 1955, Little foi indagado se quaisquer agentes causadores de câncer haviam sido identificados em cigarros.

"Não", respondeu ele, e em seguida disse, com um forte sotaque da Nova Inglaterra: "Nem nos cigarros, nem em nenhum produto associado."[12]

Não era para ser uma piada, mas hoje esse trecho dessa entrevista (que inclui Little mascando o que aparenta ser a ponta de um cachimbo apagado) tem sido acessado repetidas vezes, causando sempre boas gargalhadas.

Em defesa de Little, no entanto, é preciso dizer que sua resposta completa teve mais nuances. "Isso é de certa maneira interessante", ele prosseguiu, "pois há muitas substâncias formadoras de câncer conhecidas no alcatrão, e tenho certeza de que esse campo de pesquisa irá continuar. As pessoas gostam de procurar por agentes causadores de câncer em todos os tipos de materiais."

Então o cigarro não é cancerígeno, mas o alcatrão obtido ao fumá-lo – e que invariavelmente se acumula nos pulmões – é? Se Little não estivesse já sentado tão confortavelmente no bolso das empresas de tabaco, poderia ter optado por uma segunda carreira, como político. Como disse George Orwell, essas saídas evasivas são "concebidas de modo a fazer com que mentiras soem verdadeiras, e assassinos pareçam respeitáveis".

Embora Little possa ter se esquivado da verdade, ele não estava mentindo. Pelo menos não no sentido estrito. Isso porque, afinal de contas, a maior parte das pesquisas que estavam sendo realizadas naquela época procurava uma associação direta e específica entre o ato imediato de fumar e o câncer de pulmão, e ainda estávamos muito longe de desenvolver as sofisticadas ferramentas para isolar o que estava de fato fazendo com que células amigáveis se transformassem em malignas.

Para o nosso propósito, contudo, foi outra coisa que Little disse naquele dia que mais nos interessa – algo que pode ser uma pista para o que está por vir, não apenas da indústria do tabaco, mas de qualquer um que disponibilize no mercado um produto que possa fazer as pessoas adoecerem.

"Estamos muito interessados", continuou ele, "em saber quais tipos de pessoas são fumantes inveterados e quais não. Nem todo mundo é fumante. Nem todos que fumam são obrigatoriamente fumantes inveterados. O que determina essa distinção nas pessoas? Seria um tipo de pessoa mais nervosa que fuma muito? Seria uma pessoa que está reagindo de uma maneira diferente ao cansaço ou estresse? Porque está muito claro que algumas pessoas não lidam tão bem com essas situações quanto outras".

Muito interessados? É claro que a Big Tobbaco estaria. E é óbvio que ainda está. Se a indústria do tabaco conseguir estabelecer por que certas pessoas têm maior probabilidade de se tornarem viciadas – e, portanto, uma probabilidade maior de adoecerem –, poderá inverter a culpa, argumentando que o problema advém de uma suscetibilidade herdada, e, possivelmente, genética, a fumar em demasia, e não dos cigarros em si.

Se você ainda não ouviu esse mesmo tipo de conversa de fabricantes de refrigerantes e *junk food*, basta manter os ouvidos bem atentos. Não vai demorar. E da próxima vez que alguém processar uma cadeia de lanchonetes por ter ficado gordo (como um gerente do Mc Donald's fez no Brasil alguns anos atrás), pode ter certeza de que o genoma do reclamante (e também seu microbioma bacteriano) provavelmente será considerado pelas testemunhas do réu.

Porque, quando se trata de se eximir da responsabilidade, os cabeças das grandes indústrias têm um histórico de, como diria Sonny Corleone, de *O poderoso chefão*: "Então agora é guerra..."

Quer uma prova? Basta analisarmos a Burlington Northern Santa Fe railroad (BNSF), uma das maiores companhias ferroviárias dos EUA.

* * *

Nosso corpo não foi feito para viver desse jeito.

Somos animais ativos. Ou já fomos, em algum momento. Nossos dias pré-históricos costumavam ser apenas um pouco mais movimentados fisicamente. Perseguindo pequenas caças, escalando rochas, atravessando rios a nado e correndo de tigres-dentes-de-sabre.[13]

Entretanto, desde a Revolução Industrial – e, especialmente desde a digital – duas grandes mudanças ocorreram: nos tornamos sedentários e nossas vidas se tornaram demasiado repetitivas.

HERANÇA

Foi somente nos últimos séculos que passamos a submeter nossos corpos aos tipos de desgastes físicos que advêm de fazer as mesmas coisas milhares, até mesmo milhões de vezes, repetidamente. E as articulações e o corpo estão pagando o preço com sintomas que vão desde uma síndrome do túnel carpal até uma simples dor na lombar.

Devemos nossa compreensão das lesões por esforços repetitivos ao pai da terapia ocupacional, o médico italiano Bernardino Ramazzini. Seu livro *De Morbis Artificum Diatriba*, ou *Doenças dos trabalhadores*, foi publicado em Modena, Itália, em 1700, e até hoje é citado por aqueles que trabalham com saúde pública.

O que poderia um médico italiano do século XVII ter a dizer a respeito da vida em um escritório no século XXI? Bem, vamos dar uma olhada no *De Morbis* para conferir:

> Os males que afetam os escriturários [...] derivam de três causas: em primeiro lugar, permanecer constantemente sentados; em segundo lugar, o movimento incessante da mão, e sempre na mesma direção; em terceiro lugar, lesões na mente, devido ao esforço para não rasurar os livros com erros nem causar prejuízos a seus empregadores quando adicionam, subtraem ou fazem outras operações aritméticas. [...] O incessante movimento da caneta em direção ao papel causa intensa fadiga da mão e do braço inteiro, devido ao contínuo e quase tônico esforço nos músculos e tendões,

o que, obviamente, no decorrer do tempo resulta em falhas de poder na mão direita.[14]

Sim, ele basicamente acertou na mosca, descrevendo sucintamente o que hoje chamamos de lesões por esforço repetitivo.

O que Ramazzini percebeu mais de trezentos anos atrás foi que o processo de fazer a mesma coisa repetidas vezes é simplesmente ruim para nós. E isso nos leva à estrada férrea BNSF. A empresa foi fundada em 1849 na região do Meio-Oeste, e cresceu ao ponto de hoje ser uma das maiores ferrovias de transporte de carga da América do Norte, com linhas cruzando 28 estados dos Estados Unidos e duas províncias canadenses.

São necessários 40 mil trabalhadores para manter todos esses trens nos trilhos. E, como você pode imaginar, trabalhar em uma estrada de ferro pode ser fisicamente árduo. É por isso que, como era de se esperar, alguns empregados da BNSF estavam ocasionalmente entrando de licença por incapacidade, em decorrência de lesões adquiridas no exercício do trabalho. Isso, obviamente, pode ser extremamente dispendioso para empregadores como a BNSF, que acionou sua gerência para minimizar os custos.

Ora, uma boa maneira de fazer isso teria sido se tornar mais rigoroso quanto a padrões de saúde ocupacional. Eles não o fizeram. Outra maneira seria assegurar que todos os trabalhadores fossem encorajados a fazer intervalos mais frequentes, ou adotar um sistema mais rotativo de atividades que provocam lesões. Eles também não fizeram isso.

Em vez disso, eles foram atrás dos genes de seus funcionários.[15]

Veja, alguém da gerência da BNSF, aparentemente, havia se interessado por genética depois de ter aprendido que o DNA pode desempenhar um papel central em determinar se uma pessoa é suscetível aos sintomas de formigamentos, fraqueza e dor nas mãos e dedos que hoje descrevemos como síndrome do túnel carpal.[16] Não demorou para que, segundo a comissão que avalia as condições de emprego nos Estados Unidos, os funcionários da BNSF que requisitavam licença em decorrência de lesões no túnel carpal, associadas ao trabalho, fossem forçados a se submeter a uma coleta de sangue. O sangue era, então – sem o conhecimento ou consentimento dos funcionários –, supostamente testado para verificar a presença de um marcador que demonstraria se o empregado era geneticamente suscetível a dores ou lesões nos punhos.

Diante da perspectiva de perderem seus empregos caso se recusassem a se submeter ao exame, os trabalhadores, em sua maioria, permitiram que seu sangue fosse coletado. Entretanto, pelo menos um funcionário decidiu reagir. Ao fim, houve um acordo de 2,2 milhões de dólares entre a BNSF e a comissão, que tinha abraçado a causa dos funcionários com base no argumento de que os exames violavam a Lei dos Norte-Americanos com Deficiências (Americans with Disabilities Act).

Isso foi no início da década de 2000. Hoje a legislação federal protege os indivíduos da discriminação genética no ambiente de trabalho. A Lei de Informação e Não

Discriminação Genética (Genetic Information and Nondiscrimination Act, ou Gina) foi criada para proteger o cidadão de discriminação genética em situações relacionadas a emprego e seguros de saúde. Assinada pelo presidente George W. Bush, em 2008, a legislação, por vezes chamada de "lei anti-Gattaca" (há rumores de que alguns políticos foram mobilizados para apoiar essa medida após terem assistido, em 1997, ao filme sobre uma sociedade futura geneticamente determinada), foi celebrada, e um passo significativo na direção de tentar prever e prevenir parte da discriminação que as pessoas poderiam enfrentar como consequência de testes genéticos.

Infelizmente, a Gina não proporciona proteção alguma contra a discriminação no que diz respeito a seguros de vida ou de deficiências. Isso significa que, se você tiver herdado uma mutação genética, por exemplo, em seu gene *BRCA1*, que poderia reduzir sua expectativa de vida ou que poderia tornar você mais suscetível a alguma deficiência, sua companhia de seguros tem o direito legal de cobrar mensalidades mais altas ou de negar a você esse tipo de cobertura. É por isso que sempre aconselho meus pacientes a considerarem bem em que estão se metendo antes de se submeterem a quaisquer testes ou sequenciamentos genéticos que não sejam realizados em anonimato. Porque aquilo que descobrimos, embora possa ser crucial para nossa saúde, também pode se mostrar um fator de desqualificação em contratos com companhias de seguros contra deficiências e seguros de vida para você, para sua família imediata e para todos os seus futuros descendentes genéticos.

Conforme a testagem e o sequenciamento genéticos forem usados de modo cada vez mais rotineiro em diferentes aspectos da medicina, desde a pediatria à gerontologia, teremos cada vez mais informações para relacionar diferentes riscos de saúde à nossa herança genética única.

O Obamacare* foi concebido para propiciar a muitos cidadãos dos Estados Unidos um melhor acesso ao serviço de saúde, mas também pode, inadvertidamente, deixar essas pessoas vulneráveis à discriminação genética. Graças a uma brecha escancarada, deliberadamente inserida na Gina, as companhias de seguro têm toda liberdade para utilizar essas informações genéticas contra nós quando determinam os prêmios que irão nos cobrar para seguros de vida ou contra deficiências.

Tudo pode ficar ainda mais assustador. Nos dias atuais, uma possível seguradora, ou qualquer outra pessoa ou empresa, não precisa tocar em uma só célula sua para conseguir obter um monte de informações a respeito da sua herança genética.

Entre os cientistas como eu, é prática comum partilhar dados genéticos e de sequenciamentos com outros pesquisadores, com o cuidado, porém, de remover quaisquer informações que tenham a identificação das pessoas, tais como nomes ou números de registro civil. Entretanto, aquilo que sempre encaramos como um protocolo de privacidade relativamente sólido, uma astuta equipe de especialistas da área biomédica, eticistas e cientistas da computação de Har-

---

* Conjunto de medidas implementadas pelo governo Obama para democratizar o acesso a planos de saúde. (N. do P.O.)

vard, do Massachussets Institute of Technology (MIT), da University of Baylor e da Tel Aviv University viram como um alvo potencial a ser hackeado.

Inserindo algumas informações aparentemente anônimas em websites de genealogia (nos quais os usuários vêm cada vez mais incluindo dados genéticos como modo de encontrar membros da família com os quais há muito tempo não têm contato), os pesquisadores foram capazes de identificar com facilidade os grupos familiares de pacientes anônimos. Assim, acrescentando apenas mais alguns dados que costumam ser incluídos em amostras compartilhadas – idade e estado de residência, por exemplo –, esses pesquisadores conseguiram triangular a identidade precisa de muitos indivíduos.[17]

Isso também pode funcionar no sentido oposto. Você tem alguém na família que sobreviveu a um câncer? Essa pessoa registrou suas experiências em algum blog? No Facebook? No Twitter? As redes sociais não são apenas uma ótima maneira de se manter em contato com nossos entes queridos; elas também constituem uma fonte muito profunda e rica de informações para os ciberinvestigadores genéticos. Na verdade, mais de um terço dos empregadores nos Estados Unidos já admitiram ter utilizado informações encontradas em redes sociais, como o Facebook, para eliminar da lista candidatos a empregos.[18] Com os custos em saúde cada dia mais altos, as empresas se sentem no direito de fazer das varreduras em mídias sociais um componente regular, ainda que secreto, de suas práticas de contratação de pessoal.

Utilizando apenas o seu nome e milhões de registros genealógicos publicamente disponíveis na internet, uma pessoa hábil e curiosa – talvez como alguém que esteja interessado em contratar, namorar ou se casar com você – poderia vir a saber mais a seu respeito do que você mesmo.[19] E se fosse você mesmo essa pessoa curiosa e hábil, e houvesse uma maneira bem mais fácil de obter informações genéticas de uma pessoa, sem que ela sequer soubesse, até onde você iria? O que estou perguntando é: você estaria disposto a rastrear o genoma de alguém?

* * *

Eu estava tentando chamar um táxi quando meu telefone vibrou para me avisar que um novo e-mail havia chegado. Era de um amigo meu, um jovem profissional chamado David, que havia ficado noivo fazia pouco tempo. Sua noiva, Lisa, era uma fotógrafa de moda que também morava em Nova York. Eu havia tido o prazer de conhecê-la apenas algumas semanas antes do noivado oficial do casal, na primeira exposição solo de fotografias dela em uma galeria no SoHo.

David me enviara o e-mail naquela noite perguntando se eu estava disponível para conversar, pois ele desejava me fazer algumas perguntas sobre testes genéticos. Esse é um tipo de pedido que costumo receber de amigos e familiares em busca de conselhos a respeito desse campo em rápido desenvolvimento. David tinha mencionado que ele estava pensando em formar uma família com Lisa depois que se casassem, e eu presumi que ele desejava se beneficiar de algum teste genético pré-natal. Esses "painéis gênicos" podem ser utilizados para verificar se você e seu parceiro ou parceira são portadores de mutações em centenas de genes. Esse tipo de testagem pode propiciar aos casais uma foto instantânea de suas compatibilidades genéticas. Todos nós portamos um punhado de mutações recessivas. Sozinhas elas são, em sua maioria, inofensivas, mas se você e seu parceiro ou parceira compartilharem o mesmo gene disfuncional, essa é a receita para um possível acidente genético. Um número cada vez maior de casais tem se beneficiado de uma varredura de centenas de genes antes de se lançarem na parentalidade. E isso é algo fácil de fazer: basta cuspir em um pequeno frasco, enviar pelo correio e esperar os resultados.

Uma vez que a maior parte de nossas mutações não são nos mesmos genes que os de nossos parceiros, esse tipo de incompatibilidade genética é raro. Entretanto, como eu não demoraria a descobrir, depois de finalmente conseguir encontrar um táxi disponível e ligar para David, não era um teste pré-natal que ele estava procurando. Em vez disso, ele queria saber se teria como hackear o genoma de sua noiva sem que ela tivesse conhecimento disso.

A preocupação de David tivera início quando Lisa, que havia sido adotada ainda pequena, se reencontrara com o pai biológico. Ela havia rastreado o pai com a intenção de convidá-lo para sua cerimônia de casamento. Uma conversa em uma cafeteria tinha revelado que sua mãe biológica falecera após ter sofrido de uma grande variedade de sintomas que soavam como a doença de Huntington, um distúrbio neurodegenerativo herdado geneticamente e fatal.

Em uma pessoa com doença de Huntington, as células nervosas do cérebro se degeneram lentamente. Não existe cura, e o caminho para a morte é pavimentado com uma perda de coordenação muscular, problemas psiquiátricos e, finalmente, declínio cognitivo e morte.

O que complicava as coisas, porém, era o fato de que a noiva de David não estava interessada em ser testada geneticamente.

"Mas", disse-me ele, "se eu pudesse pegar apenas um pouco do cabelo dela, ou alguma coisa, como a escova de dentes, seria suficiente, não? Daria para a gente verificar, né? Quero dizer, ela nem precisaria saber. Eu sei que isso é maluquice. Mas é que... Seria tão mais fácil se eu soubesse o que vou encarar."

O que meu amigo me pedia para facilitar era, na melhor das hipóteses, eticamente problemático, e, em vários países, completamente ilegal.[20] Em vez de expressar minha completa desaprovação de forma direta e recusar seu pedido, deixando-o resolver a questão por conta própria, achei melhor convidá-lo para um drinque. David disse que precisava resolver algumas coisas após o trabalho, e que estaria livre mais tarde. Combinamos de nos encontrar às dez da noite. Eu estava tentando descobrir o que havia levado David a considerar a possibilidade de se comportar de maneira tão atípica.

Era uma daquelas noites de agosto exasperadoras de tão quentes e úmidas em Manhattan, quando a maioria das pessoas busca abrigo em suas casas com ar-condicionado ou, se puderem, deixam a cidade. Ao sair do táxi e entrar no bar, eu estava realmente contente pelo alívio de toda aquela umidade.

Havia dois lugares livres no bar, então me sentei e fiz meu pedido. Observando o *bartender* preparar com mestria e servir meu mojito, eu pensava em David, e decidi ligar para Kelly, uma assistente social e amiga, que tem muita experiência de trabalho com parceiros de pessoas que acabaram de receber um diagnóstico de doença terminal.

"Procure identificar alguns dos medos e expectativas associados à ideia de se casar com uma mulher que possa ser portadora de um gene para uma condição hereditária fatal", disse Kelly. "Depois, procure saber que tipo de discussão eles já tiveram. A maior parte das pessoas se sente apavorada com a ideia de sermos vulneráveis – especialmente na frente de nossos parceiros –, mas se ele não expressar esses temores para ela, nenhum dos dois terá condições de estabelecer uma conversa honesta a respeito do que isso pode significar para o futuro deles, para o relacionamento e para decidirem o que fazer em seguida." Poucos minutos mais tarde, David adentrava o bar. Como era de se esperar, ele não estava interessado em nenhuma conversa sobre ética médica. Tudo o que ele precisava era ser ouvido.

Conforme a noite avançava, me vinha à mente que às vezes *não saber* é muito mais complicado e doloroso do que saber. Por eu ser amigo de David há vários anos, estava óbvio para mim que ele estava passando por muita dor emocional, sem falar no choque. Ele sentia que a pessoa com quem queria passar sua vida estava guardando um segredo dentro de si que não desejava deixar sair.

Eu me esforcei ao máximo para simplesmente permanecer sentado e ouvindo, e para só responder às perguntas para as quais eu realmente tivesse respostas – para ser sincero, não foram muitas. À medida que a noite avançava, ouvi a respeito da surpresa ao descobrir que o pai biológico de Lisa estava vivo, e morando não muito longe deles, no interior do estado de Nova York. Ouvi sobre a dolorosa revelação de que a mãe dela havia falecido jovem, deixando tantas perguntas sem resposta. Ouvi sobre a frustração que David sentiu diante da aparente ambivalência de Lisa e sua resistência resoluta a se submeter a um teste.

"Eu não entendo por que ela não quer saber", ele repetia.

Nessa era digital, David já sabia um monte de coisas sobre doença de Huntington. Ele aprendera que, diferentemente de outras condições causadas por mutações específicas em uma única letra, a genética por trás dessa doença podia ser comparada a um disco de vinil arranhado que está sempre pulando uma parte da música. As pessoas com essa condição neurológica devastadora possuem, em um gene chamado *HTT*, uma extensão mais longa que o normal de três nucleotídeos – citosina, adenina e guanina –, que se repetem inúmeras vezes.

Todos nós herdamos um certo número dessas repetições, mas quando alguém possui um gene que tem quarenta ou mais delas, quase sempre essa pessoa irá desenvolver doença de Huntington. Quanto maior o número de repetições, mais precocemente a doença se desenvolverá. Se houver mais de sessenta repetições, a pessoa afetada poderá desenvolver sintomas da doença de Huntington até mesmo com apenas 2 anos de idade.

O motivo ainda não está totalmente claro, mas a maioria das pessoas que desenvolve doença de Huntington ainda muito jovem herdou esse gene do pai. Entretanto, até mesmo no caso daquelas que o herdam da mãe, as repetições costumam aumentar em número a cada geração. Chamamos esse tipo de alteração na herança genética de *antecipação*.

Na nossa conversa, me pareceu que David tinha um entendimento muito bom da situação, incluindo a maneira como a doença era passada. E, visto que basta uma cópia do gene *HTT* com um número de repetições acima do normal, ele sabia que, se a mãe dela havia sido afetada, Lisa tinha 50% de chances de ter herdado a doença. E se fosse esse o caso, dado o mecanismo de antecipação, ela provavelmente começaria a apresentar os sintomas em uma idade mais precoce do que a mãe quando esta ficara doente pela primeira vez.

E, o que era o mais importante, se ela tivesse de fato a doença, ele não envelheceria junto dela. Em vez disso, ele teria que assistir à transformação da sua personalidade à medida que a doença fosse remodelando seu cérebro, deteriorando aos poucos sua mente. Teria ele a força emocional, mental e física necessária para cuidar das necessidades dela?

"Mas eu posso fazer isso", disse ele. "Veja, eu sei que testar a Lisa para a doença de Huntington sem o consentimento dela é errado. Mas eu só gostaria de saber contra o que estamos lutando. O fato de *não* saber é que está me matando. Por que ela não pode simplesmente fazer o exame? Talvez ter uma resposta, qualquer que seja, pudesse fazer com que levássemos nossa vida de forma diferente... Mas no fim das contas, imagino, que a decisão de fazer ou não o teste é dela."

E fim de papo. David terminou a conversa de maneira abrupta. Pedi a conta e me preparei para encarar um táxi quente e grudento na volta para casa. Eu adoraria poder contar a você que essa história teve um final feliz.

Eu gostaria de poder dizer que os dois estão vivendo uma vida incrível juntos em um bairro da moda no Brooklyn, exatamente como eles tinham planejado. E que David encontrou forças para abordar Lisa mais uma vez e ela concordou em se submeter à testagem.

E, mais que qualquer outra coisa, eu adoraria poder lhe contar que o teste de Lisa deu negativo para a doença de Huntington.

Mas as histórias genéticas são como tudo o mais na vida. Por vezes elas são de uma beleza inacreditável, e em outras, terrivelmente dolorosas. E muitas vezes ficam em algum ponto entre esses dois extremos.

A verdade é que David e Lisa não se casaram como haviam planejado. Ela continua usando a aliança com o nome dele, e eles continuam loucos um pelo outro – loucos como às vezes a vida e o amor podem ser. De sua parte, David continua tentando se conformar com a relutância e a resistência de Lisa em saber o que os espera logo adiante. Da parte dela, Lisa vem frequentando um terapeuta especializado em ajudar famílias afetadas pela doença de Huntington, muito embora, até o momento em que escrevo essas palavras, ela ainda não tenha tomado qualquer decisão quanto a se deixar examinar ou não.

À medida que o custo dos exames genéticos continuar baixando e for ficando cada vez mais fácil fazer esses testes, nos depararemos com um número cada vez maior de situações como essa – e para um número bem maior de condições genéticas. Hackear ou não um genoma será uma questão diante da qual nos veremos com frequência cada vez maior. E nem sempre teremos a sofisticação ética e a experiência necessária para lidar com as implicações dessa questão.

Quanto mais entrarmos nesse admirável mundo novo, mais nossos relacionamentos serão testados e nossas vidas irão mudar. E, como veremos em seguida, o mesmo acontecerá com nossos corpos.

* * *

Angelina Jolie sabia que suas perspectivas não eram boas.

A atriz ganhadora do Oscar havia testemunhado – impotente, apesar de todo o status e fama – sua mãe perder uma luta de longos anos contra o câncer de mama. Querendo se assegurar de que continuaria ao lado de seu parceiro e filhos, ela se submeteu a uma testagem que revelou uma mutação em seu gene *BRCA1*.

Na maioria das mulheres, uma mutação no *BRCA1* pode significar cerca de 65% de chances de desenvolver câncer de mama. Isso porque o *BRCA1* pertence a um grupo de genes que, quando funcionais, suprimem a formação de tumores, reduzindo quaisquer crescimentos rápidos e não requisitados.

Mas isso não é tudo que um gene *BRCA1* é capaz de fazer. Ele também pode trabalhar em conjunto com inúmeros outros genes para consertar um DNA danificado.

Até aqui, conversamos um bocado sobre como muitos de nossos comportamentos podem alterar a expressão de nossos genes através de mecanismos como a epigenética. O que você pode não estar ciente, no entanto, é que muitas das coisas que você faz diariamente podem na verdade danificar fisicamente seu DNA. E é provável que você, sem ter conhecimento do fato, venha abusando do seu genoma há anos.

Na verdade, se houvesse uma agência governamental chamada Departamento de Serviços de Proteção Genética, essa agência teria confiscado seus genes há muito tempo, para protegê-los de você.

Até mesmo algo aparentemente positivo, como umas férias curtas e relaxantes no exterior, pode ser surpreendentemente ruim para você. E sua ficha criminal seria provavelmente algo mais ou menos assim:

1. Viagem aérea entre os Estados Unidos e o Caribe – sim.
2. Ficou exposto ao sol muito tempo para se bronzear – sim.

3. Consumo de dois daiquiris à beira da piscina – sim.
4. Inalação passiva de fumaça de tabaco – sim.
5. Exposição a inseticidas, utilizados para controle de percevejos de cama – sim.
6. Nonoxinol-9, produto químico encontrado em lubrificantes de preservativos – sim.

Sinto muito por ter que arruinar suas recentes férias fictícias dessa maneira. Mas o Departamento de Serviços de Proteção Genética está levantando essas acusações contra você para que passe a se dar conta do quanto você subestima os seus genes.

Todos os itens dessa lista podem danificar seu DNA. Se não fosse pela habilidade de reparar de maneira contínua e apropriada as mudanças negativas que causamos em nosso genoma, estaríamos com problemas muito sérios. Nossa competência em reparar danos genéticos tem muito a ver com os genes "reparadores" que herdamos. Caso você tenha herdado uma das mais de mil mutações conhecidas no gene *BRCA1* que podem nos predispor ao câncer, então você precisará ser especialmente cuidadoso quanto à forma como trata seus genes. E, o que é ainda mais interessante, nem todas essas mutações herdadas são igualmente preocupantes.

Isso nos leva de volta a Angelina Jolie. Quando testaram seus genes *BRCA1*, os médicos disseram a ela que sua variante genética particular ou mutação não era nada segura.[21] Havia, disseram eles, 87% de chances de que ela desenvolvesse câncer de mama, e 50% de que desenvolvesse câncer de ovário.

Após um período de três meses no inverno e primavera de 2013, uma das mulheres mais observadas do mundo imitou uma de suas personagens de filmes de espionagem, conseguindo driblar os paparazzi enquanto se submetia a uma série de procedimentos no Pink Lotus Breast Center, em Beverly Hills, Califórnia, incluindo uma mastectomia dupla.[22]

"Você acorda com drenos e expansores nos seios", Jolie escreveu para o *New York Times* pouco depois de o procedimento ter sido concluído. "A sensação é de estar numa cena de um filme de ficção científica."

E, não muito tempo atrás, uma cena dessas realmente só seria possível em um filme de ficção.

Os médicos vêm realizando mastectomias há muito tempo, mas até bem recentemente tratava-se de uma cirurgia destinada a remover a doença, não a preveni-la.

No entanto, tudo isso mudou conforme nossa compreensão dos alicerces moleculares do câncer amadurecia e as varreduras e os testes genéticos se tornavam mais acessíveis. Desse modo, mais e mais mulheres (e até mesmo alguns homens) começaram a receber a terrível notícia que Jolie recebera. Encarando a necessidade de decidir se submeter ou não a um regime de monitoramento constante, porém falível, cerca de um terço dessas mulheres estão agora optando por uma mastectomia preventiva. Ou seja, remover os seios de forma preventiva antes que o câncer possa atacar. Ao fazê-lo, elas criaram uma classe inteiramente nova de pacientes: o previvente.*

Os previventes já somam milhares, em sua grande maioria mulheres, que tiveram que enfrentar as mesmas decisões que Jolie. Conforme vamos aumentando nossa compreensão acerca dos fatores genéticos envolvidos em outras doenças – câncer de cólon, de tireoide, de estômago e do pâncreas –, é quase certo que esse grupo de pessoas aumente ainda mais.

"Câncer ainda é uma palavra que mete medo nos corações humanos, produzindo uma profunda sensação de impotência", escreveu Jolie. Mas, hoje em dia, observou ela, um simples teste pode ajudar as pessoas a compreender se elas são altamente suscetíveis "e, então, partir para a ação".

Isso está criando todo um novo conjunto de complicações éticas para os médicos, que em sua maioria praticam o dito *primum non nocere*.** Quando se trata de entrar em ação, não estamos falando apenas de cirurgias radicais, como mastectomias, colectomias ou gastrectomias. Porque, obviamente, algumas coisas você simplesmente não pode retirar. Logo, outras ações antecipadas que poderão ser tomadas incluirão maior monitoramento e exames de varredura, doses de medicamentos preventivos, e, se possível, o não acionamento de gatilhos genéticos potencialmente danosos.

---

* Do inglês *previvor* (*predisposition* + *survivor*), termo que designa o sobrevivente à predisposição para uma doença cujos sintomas ainda não se manifestaram. (N. do P.O.)
** Do latim, "primeiro, não faça mal".

É por isso que a ficha criminal pode acabar se revelando um importante lembrete de tudo o que você pode fazer para cuidar de sua herança genética. Se você não cuidar bem dos seus genes, poderá acabar alterando-os sem perceber.

A exposição à radiação durante viagens aéreas rotineiras, aos raios ultravioleta quando estiver se bronzeando, ao etanol em seu coquetel, aos resíduos na fumaça do tabaco, aos inseticidas e às substâncias químicas em seus cosméticos e produtos de higiene pessoal – são, todos, exemplos de fatores capazes de danificar o seu DNA. Suas escolhas de vida irão determinar como você cuida de seu genoma.

Isso significa que todos nós precisamos nos instruir mais, não apenas desvendando nosso histórico médico familiar e decodificando nossa própria herança genética, mas também investigando que mudanças proativas e positivas podemos efetuar em nossa vida, uma vez de posse das informações obtidas. Essas mudanças proativas irão requerer diferentes ações de cada um. Para alguns isso significará evitar frutas, enquanto para outros pode significar uma mastectomia.

Ao mesmo tempo, também precisamos avaliar como os outros podem vir a usar essas informações em um futuro geneticamente acelerado. E esses "outros", conforme vimos anteriormente, incluirão médicos, companhias de seguro, corporações, agências governamentais e, muito provavelmente, também seus entes queridos. Embora tenhamos expectativas de confidencialidade, também é preciso ter em mente a perda real de proteção contra a discriminação para fins de seguros de vida e contra deficiências antes de considerar a possibilidade de hackear seu genoma.

Não apenas nos encontramos de pé à beira do precipício de uma tremenda mudança de paradigma; várias pessoas já deram o primeiro passo. E, por estarmos tão conectados, tecnológica e geneticamente, muitos outros farão o mesmo, quer gostemos disso ou não.

CAPÍTULO 10

FILHOS POR ENCOMENDA

As consequências não imaginadas dos submarinos, do sonar e dos genes duplicados

Tudo começou em uma manhã calma no Caribe. Era uma quinta-feira, 13 de maio de 1943, e o SS *Nickeliner*, um navio mercante dos Estados Unidos construído especialmente para carregar grandes quantidades de amônia, levava um estoque de 3.400 toneladas de carga volátil, cujo destino final deveria ser a Inglaterra. A amônia era um material essencial para a fabricação de munições, e estava em escassez durante a guerra; levá-la até a Inglaterra requeria uma perigosa jornada cruzando o oceano nos meses mais críticos da Batalha do Atlântico, durante a Segunda Guerra Mundial.[1]

Para a tripulação de 31 homens do *Nickeliner*, o dia que tinham pela frente poderia ser tudo, menos rotineiro. Isso porque um submarino alemão, capitaneado por um oficial de 35 anos chamado Reiner Dierksen, vinha seguindo o navio desde que este deixara o porto.

Dez quilômetros ao norte de Manati, em Cuba, um periscópio de aço, pertencente ao submarino alemão, irrompeu silenciosamente na superfície da água. Lenta e deliberadamente, os homens da equipe de torpedeiros de

Dierksen se alinharam para disparar. Confirmado o alvo, o capitão veterano – que já havia sido responsável por afundar dez navios dos Aliados – deu o comando para abrir fogo. Dois torpedos alemães entraram na água, os propulsores girando, ganhando velocidade. Houve uma tremenda explosão – água e fogo subindo aos céus a uma altura de trinta metros. Logo o *Nickeliner* estava no fundo do mar, e sua tripulação foi lançada à própria sorte em botes salva-vidas.

Para os Aliados, o problema era ao mesmo tempo simples e enlouquecedor de tão complexo: eles precisavam descobrir uma maneira de localizar os submarinos quando estes estivessem embaixo da água.

Encontraram a resposta no sonar. Naqueles tempos se escrevia o nome todo em maiúsculas: SONAR, um acrônimo para *sound navigation and ranging* [navegação e determinação da distância pelo som]. Um grande amplificador produziria um zumbido subaquático, e um receptor "escutaria" os sons que ricocheteassem de volta, o que poderia, então, ser usado para estimar de modo grosseiro a distância do alvo.

Hoje, passados setenta anos, as marinhas de todas as partes do mundo continuam usando a tecnologia de sonar como integrante central de seus esforços antissubmarinos e antiminas. Entretanto, com o passar dos anos, acabamos descobrindo que o sonar não é bom apenas para isso. Uma tecnologia concebida originalmente para tirar vidas se tornou hoje sustentáculo para aqueles que ajudam a trazer a vida.

À medida que milhares de homens conhecedores do sonar retornavam da guerra para seus lares, no fim da década de 1940, outros usos para essa tecnologia começaram a ser experimentados. Alguns dos primeiros a adotarem-na foram os ginecologistas, que rapidamente aprenderam que o sonar médico, como foi chamado originariamente, poderia ser utilizado para detectar tumores ginecológicos e outros caroços sem precisar recorrer a cirurgias invasivas.[2] No entanto, o sonar entrou em voga de verdade quando obstetras se deram conta de que poderiam empregá-lo para ver imagens de um feto e sua placenta, a partir de poucas semanas depois da implantação no útero. Isso proporcionou a esses profissionais o que deve ter parecido, na época, um poder mágico de observar em primeira mão o desdobrar dos estágios de desenvolvimento do bebê. O que a maioria das pessoas parece não se dar conta, mesmo hoje em dia, é que essas imagens também têm a capacidade de mostrar a delicada interação genética entre a expressão e a repressão dos genes durante a vida fetal, que desempenha um importante papel em nosso desenvolvimento.

Os ultrassons fetais, como hoje são conhecidos, possibilitaram que os médicos tivessem, pela primeiríssima vez, uma ideia precoce de quaisquer anomalias ou passos em falso genéticos que costumavam permanecer ocultos até o momento do parto.

Antes que prossigamos para aprender sobre a influência da genética em nosso desenvolvimento, voltemos no tempo por um momento, de modo a responder à pergunta:

Afinal, o que aconteceu ao submarino alemão que, na Segunda Guerra Mundial, atacou e afundou o *Nickeliner*?

Dois dias após o afundamento, um avião de patrulha dos Estados Unidos localizou o que parecia ser um submarino alemão na superfície. O avião lançou na água um marcador para indicar sua posição. Enquanto a tripulação do submarino trabalhava desesperadamente para fazê-lo voltar a submergir para a segurança do fundo do mar, um navio Aliado se dirigiu rapidamente para a locação onde ele havia sido visto e, lançando mão de seu recém-adquirido aparelho de sonar, conseguiu localizar o submarino sob a água.

Utilizando as informações sobre profundidade e direção proporcionadas pelo aparelho de sonar do navio, a equipe do avião de patrulha soltou três bombas de profundidade na água. Com isso, o submarino nazista, despedaçado como se fosse uma simples latinha de alumínio, foi juntar-se ao *Nickeliner* no fundo do mar.[3]

O que teve início como uma tecnologia de SONAR para encontrar submarinos ocultos se tornou, nos dias atuais, uma ferramenta de importância inestimável para ajudar a trazer bebês ao mundo. O que ninguém poderia jamais ter imaginado era que uma tecnologia que foi inicialmente desenvolvida para subtrair vidas poderia retornar tão rapidamente após algum tempo sem aplicação, para dar vidas.

Uma tecnologia que desenvolvemos para determinado fim pode ter seu propósito inicial ressignificado de modo surpreendente. Como você pode imaginar, em países nos quais crianças do sexo masculino são mais culturalmente valorizadas que as do sexo feminino, a utilização do ultrassom se tornou extremamente problemática. Quando o valor de gênero é assimétrico, a capacidade de distinguir o sexo de um bebê antes do nascimento possibilita que os pais escolham o gênero de seus filhos.

É exatamente isso que tem ocorrido na China. Por muitos anos esse país vem impondo políticas de controle populacional rígidas e, por vezes, obrigatórias. Essas políticas de controle limitam a maioria dos pais a ter um único filho. A importância cultural de ter um filho homem na China, combinada à política do filho único, criou uma pressão ainda maior para que os casais tenham um menino. Os resultados – um excedente de 30 milhões de chineses do sexo masculino, um desequilíbrio criado pelo uso do ultrassom para detectar e abortar sistematicamente gestações de meninas – falam por si mesmos.[4] E acredita-se que essa prática esteja se disseminando.

Na verdade, os pesquisadores vêm demonstrando que quando a tecnologia do ultrassom alcança áreas da China onde ainda não existiam, o desequilíbrio entre nascimentos masculinos e femininos aumenta.[5]

O ultrassom também ajudou a espalhar uma nova tendência, um tanto benigna em termos comparativos, que continua em voga hoje, uma tendência da qual você provavelmente é culpado de participar e de apoiar.

O advento de enxovais específicos de gênero para bebês nos Estados Unidos começou realmente a tomar forma no período pós-guerra, e se solidificou conforme os ultrassons pré-natais foram se tornando mais amplamente disponíveis por todo o país; amigos, familiares e colegas simplesmente tinham mais tempo para ir às compras, e assim nasciam os enxovais de gêneros diferenciados.[6]

Entretanto, onde uns veem rosa e azul, caminhões e gatinhos, estampas camufladas e lacinhos, eu vejo os efeitos culturais do que foi, de fato, o primeiro exame genético pré-natal amplamente disponível do mundo. Afinal de contas, durante a maior parte do século passado era praticamente consenso que, no nível cromossômico, a principal diferença entre mulheres e homens era que eles possuíam um cromossomo Y e elas não. Mais do que simplesmente uma imagem difusa de nossos futuros bebês, o advento dos ultrassons pré-natais nos propicia uma fotografia do DNA que eles herdaram.

Embora o ultrassom possa nos proporcionar informações anatômicas razoavelmente precisas, como o gênero, por volta do quarto mês de gestação, no mundo moderno da fertilização *in vitro* e da seleção de sexo através do diagnóstico genético pré-implantação, não precisamos esperar para descobrir. É por isso que, se as tecnologias médicas cada vez mais disponíveis não forem acompanhadas de iniciativas socioeducativas que visem valorizar as meninas tanto quanto os meninos, as coisas podem ficar ainda piores.

E, obviamente, a quantidade de informação que podemos obter com testes genéticos simples antes da gravidez, ou muito no início da gestação, pode nos revelar muito mais que apenas o gênero.

O que, eu suponho, poderia sugerir que o gênero é algo simples.

Mas não é.

* * *

Menino ou menina? Essa costuma ser a primeira pergunta que você faz quando fica sabendo que alguém teve um bebê, não é? E, na maioria das vezes, essa pergunta parece ter uma resposta binária simples.

A identidade de gênero depende de um amplo espectro de fatores que a influenciam, mas quando o bebê emerge do útero materno tudo o que é visível é seu sexo. Como uma criança precoce de 5 anos de idade diz ao personagem de Arnold Schwarzenegger em *Um tira no jardim de infância*, "meninos têm pênis, meninas têm vagina".

O problema, contudo, é que nem sempre é assim. Hoje em dia utilizamos a expressão *distúrbios do desenvolvimento sexual*, ou DDS, para nos referirmos a crianças e adultos cujos corpos tomaram uma rota alternativa no caminho do desenvolvimento de seus órgãos reprodutivos.

Algumas dessas rotas podem resultar em certa ambiguidade na genitália externa – por exemplo, um clitóris excessivamente aumentado, que parece um pênis, e lábios vaginais fusionados, que se assemelham a um saco escrotal. Para os médicos, pode ser difícil se acostumar ao espectro sempre cambiante de entendimentos psicossociais da sexualidade. Do mesmo modo, estamos agora começando a compreender que o desenvolvimento de nosso sexo físico espelha esse amplo espectro. Isso faz com que o modelo clássico e estrito dos sexos do tipo "XY-significa-homem e XX-significa-mulher" seja hoje bem obsoleto.

Em um mundo no qual o gênero continua sendo ligado a tudo, desde o nome da pessoa até os pronomes, estilos de se vestir e segregação quanto ao uso dos sanitários, a ambiguidade pode causar muito constrangimento e consternação, especialmente quando existem incertezas a respeito do sexo de um bebê.

É por isso que a ambiguidade de gênero não é uma mera preocupação parental; ao contrário, costuma ser tratada como uma emergência médica, para a qual médicos como eu são convocados para consultas a qualquer hora do dia ou da noite.

Por isso, observemos o que acontece quando nasce uma criança que parece ter um DDS. Dada a profundidade das questões psicossociais com que nos deparamos, em geral deixamos de lado quaisquer trabalhos não emergenciais que estejamos realizando e seguimos ao encontro da família e da equipe médica que esteja cuidando desses preciosos pequenos pacientes.

Imediatamente em seguida, tentamos obter o máximo de informações possíveis, dos pais, da árvore familiar do recém-nascido, incluindo irmãs, irmãos, sobrinhos, sobrinhas, tias, tios, avós e quantas mais pessoas for possível. Durante esse processo fazemos várias perguntas. Os parentes vivos são saudáveis? Existe algum histórico de abortos espontâneos recorrentes ou de crianças com deficiências de aprendizagem severas? Existe algum grau de parentesco entre os pais, os avós ou bisavós?

As respostas a essas perguntas não apenas nos fornecem informações genéticas valiosas, como também ajudam a lembrar a todos que o bebê tem uma origem e faz parte de uma família mais ampla – e, o que é ainda mais importante, não se trata de um mero *problema* médico que precisa ser resolvido.

Em seguida damos início a um exame físico, que começa com o mesmo tipo de avaliação de dismorfologia que acompanhamos no capítulo 1, porém muito mais detalhado. Com uma fita métrica específica pendurada no pescoço e manejada com os dedos, conferimos a circunferência da cabeça do bebê, a distância entre os olhos, a distância entre as pupilas, o comprimento do filtro labial, e assim por diante. Medimos braços, pernas, mãos e pés. Também medimos o comprimento do clitóris e do pênis, e conferimos para ver se o ânus está localizado no lugar apropriado. Até mesmo algo como a distância entre os mamilos de um bebê pode, ocasionalmente, nos propiciar uma informação valiosa a respeito do que se passa no interior do genoma. E, o que é mais importante, quando realizamos uma avaliação para verificar a existência de um DDS, tentemos determinar se o bebê tem uma aparência dismórfica de um modo geral.

Não é raro que as pessoas que nos observam enquanto realizamos tais experimentos façam piada, dizendo que parecemos mais com alfaiates tirando medidas para fazer uma roupa de bebê do que médicos à procura da mais sutil irregularidade.

E todos nós somos irregulares de alguma maneira. De uma perspectiva clínica, o que importa é como essas irregularidades incrivelmente pequenas, e algumas vezes grandes, se ajustam umas às outras.

A mais sutil característica pode levar a uma direção diagnóstica completamente nova. E, conforme veremos adiante, o mínimo detalhe pode acabar mudando completamente a maneira como vemos o mundo.

* * *

Ele era lindo em todos os sentidos. E, dormindo quietinho em seu carrinho sofisticado, Ethan se parecia com qualquer outro bebê adorável.[7]

Todos nós temos uma jornada de desenvolvimento única, mas a maioria das pessoas compartilha de uma trajetória comum. Essa jornada é pavimentada e moldada por nossas circunstâncias ambientais e genéticas. E tudo sempre começa com a beleza estonteante de um bebê – pequeno e vulnerável, mas, ainda assim, cheio de potencial.

A criança adormecida à minha frente tinha tudo isso. E, embora eu não soubesse naquele momento, ele era diferente de todos os outros bebês que já tinham nascido.

É importante notar que todos os ultrassons fetais de Ethan haviam dado resultados normais. Vários meses antes, quando sua mãe perguntou se ela teria um menino ou uma menina, sua obstetra tinha deslizado o bastão do ultrassom sobre o gel azul espalhado em sua barriga inchada e se detido entre as pernas da criança que ainda não nascera.

"É um menino", dissera ela.

E todas as aparências diziam que ela estava certa.

Quando nasceu, Ethan apresentava uma característica potencialmente preocupante, mas não de todo incomum. Na maioria dos meninos, a abertura uretral – o lugar por onde passa o xixi – situa-se em alguma região próxima ao centro da cabeça do pênis. Entretanto, Ethan tinha hipospadia, o que significa que a localização da abertura não era onde costuma ser, e sim em uma posição bem mais próxima ao escroto.

Cerca de um em cada 135 meninos nasce com alguma forma de hipospadia, desde uma abertura uretral mais abaixo, próxima ao escroto até em qualquer outro ponto intermediário em relação a onde costuma ficar na maioria dos meninos – e isso geralmente não é difícil de consertar.[8] Na maioria dos casos a correção é considerada estética, embora por vezes os cirurgiões precisem sacrificar o prepúcio para realizar o reparo. Em casos de hipospadia branda, alguns pais acham que isso não justifica uma operação. Em casos mais graves, no entanto, quando o menino não consegue ficar em pé para urinar e é obrigado a se sentar para isso, costuma-se considerar a cirurgia importante por razões psicossociais.

Desde que não haja qualquer bloqueio ao fluxo da urina, todavia, os procedimentos cirúrgicos para reparar as hipospadias não são realizados em regime de urgência. Assim, poucos minutos após o nascimento de Ethan, seus pais foram informados e aconselhados a respeito de suas opções. E, em conformidade com todas as checagens habituais realizadas no primeiro dia de nascimento de um bebê, foram mandados para casa com o conselho de que não precisavam se preocupar, e que poderiam agendar uma consulta de acompanhamento com a equipe cirúrgica para cuidar da hipospadia de seu filho dali a alguns meses.

Entretanto, os pais de Ethan se preocuparam, especialmente ao perceberem que os meses se passavam, mas seu filho se mantinha no limite mais baixo para altura e peso. Eles queriam entender mais a respeito do que poderiam fazer para que o filho alcançasse o tamanho normal. Mas o que começou como uma consulta de rotina para verificar seu crescimento logo se tornou um quebra-cabeça de proporções globais.

Dados o tamanho de Ethan e seus traços físicos aparentemente normais, um exame genético comum, chamado cariótipo, foi solicitado. Nesse teste, algumas células de Ethan foram extraídas, dispostas em uma placa de Petri, estimuladas a crescer e, em seguida, tratadas com um corante especial, para ajudar a dar contraste aos seus cromossomos.

Foi então que começou a ficar claro que Ethan era um pouco diferente dos outros meninos e homens que o antecederam, todos os quais herdaram um cromossomo Y do pai. Embora raro, não é uma novidade completa que uma criança que seja geneticamente uma menina se desenvolva como menino quando um pedaço muito pequeno do cromossomo Y que contém uma região denominada

SRY [da sigla em inglês para região Y de determinação sexual] é herdada. Quando isso ocorre, todo o curso de desenvolvimento da pessoa pode ser alterado na direção da via masculina, em vez da feminina.

Em busca desse pequeno pedaço do *SRY*, o passo seguinte que empregamos no caso de Ethan se chamava FISH [da sigla em inglês para hibridização fluorescente *in situ*]. O teste FISH envolve o uso de uma sonda molecular que se liga apenas a partes do cromossomo que sejam complementares.

O que tínhamos a expectativa de ver em Ethan era que a FISH para a região *SRY* fosse positiva, como acontece em outros casos que se apresentam dessa maneira. Mas ela não foi. O fato não era simplesmente que Ethan não tinha herdado um cromossomo Y de seu pai; ele não possuía nem sequer um rudimento microscópico de um. E com isso não nos sobravam muitas explicações genéticas do porquê de Ethan ter se tornado um menino.

Na verdade, segundo os livros de genética sobre minha escrivaninha, ele deveria ter sido uma menina.

* * *

"É um menino!" Foi isso que os pais de Ethan, John e Melissa, haviam ansiado ouvir. E quando o ouviram, eles ficaram muito emocionados.

Foi também assim que se sentiram quase todos da extensa família, especialmente os pais de John, que eram imigrantes da primeira geração oriundos da China. Mesmo antes de as políticas de filho único se tornarem efetivas em seu país, o nascimento de um menino era considerado uma sorte, e por isso eles ficaram animados com a notícia de que Melissa estava grávida de um menino.

E talvez também fossem um pouco superprotetores. Pelo menos uma vez ao dia Melissa recebia um telefonema no trabalho, da mãe de John, perguntando sobre seu estado de saúde e lembrando à gestante – com base nas tradições culturais da família – o que ela devia e o que não devia fazer, pensar e comer. A longa lista proibia alguns dos alimentos favoritos de Melissa: melancia e manga.

E isso não era tudo. Melissa era também instruída a nunca deixar objetos pontiagudos, como tesouras ou facas, sobre a cama – não apenas porque ela poderia vir a se cortar, mas também porque a mãe de John havia sido criada acreditando que tais ações trariam má sorte e se tornariam prenúncios de mau agouro, capazes de fazer com que o bebê tivesse um "lábio cortado", o que hoje em dia chamamos de lábio leporino ou palato fendido.

Melissa não era particularmente supersticiosa, mas em um esforço para evitar conflitos familiares desnecessários, ela dava o melhor de si para obedecer. Havia, no entanto, uma área em que ela não sentia necessidade alguma de andar na linha, pelo menos secretamente. Conforme sua gestação progredia, Melissa desejava desesperadamente comer melancia. Desde que conseguisse manter as grandes cascas verdes e as pequenas sementes pretas bem escondidas quando seus sogros vinham fazer uma visita, ela supunha que estava tudo bem. Quando um dia a sogra casualmente se "ofereceu" para levar o lixo para fora e encontrou alguns pedaços de casca e aquele suco vermelho distintivo no saco de lixo, houve uma tremenda briga. Nada que Melissa pudesse dizer seria capaz de aliviar a ira de sua sogra. Por fim, ela simplesmente pediu desculpas e prometeu se manter longe de todas aquelas "frutas assassinas" até um bom tempo após o parto, enquanto dizia a si mesma em silêncio que precisaria redobrar os cuidados sobre onde descartar as evidências da próxima vez que fizesse um desses lanchinhos secretos.

Muito embora soubesse que os temores de sua sogra eram bizarros, quando eu contei a Melissa a notícia a respeito da excepcionalidade genética de seu bebê, ela perguntou se aquelas superstições familiares poderiam ter algum fundo de verdade. E, embora eu nunca tivesse ouvido falar em alguém com essa preocupação específica a respeito de melancia, sua ansiedade nada tinha de incomum.

A primeira pergunta que costumo ouvir de pais cujos filhos apresentam condições genéticas é: "Doutor, pode ter sido alguma coisa que eu fiz que causou isso?"

Em situações como essa eu me sinto obrigado a ajudar a aliviar a culpa descabida que os pais possam estar sentindo. Assim, em vez de conversar sobre todas as possibilidades em jogo que possam explicar "o que deu errado", tento arduamente enquadrar a discussão em termos do que sabemos que está cientificamente estabelecido.

Obviamente, isso exige que eu tenha alguma ideia a respeito de com que estou lidando. E, no caso de Ethan, pelo menos no início, eu não tinha a menor pista.

* * *

Uma das possibilidades que foi logo levantada no caso de Ethan era a de uma hiperplasia adrenal congênita, ou HAC, um grupo de condições genéticas (causadas por um punhado de genes) que podem fazer com que indivíduos do sexo feminino tenham a aparência externa do sexo masculino. As pessoas com HAC não produzem naturalmente a quantidade necessária de um hormônio esteroide chamado cortisol. Quando esse déficit é reconhecido pelo corpo, as glândulas adrenais são estimuladas a tentar fabricar mais. O problema, porém, é que não é só o cortisol que acaba sendo produzido nesse processo, mas também outros hormônios sexuais.

Em alguns casos de HAC, uma versão do gene chamado de *CYP21A* pode fazer com que meninas e mulheres jovens desenvolvam acne grave, excesso de pelos no corpo e um clitóris grande, que em certas circunstâncias pode se assemelhar mais a um pênis no nascimento. É por isso que a HAC é uma das causas mais comuns de genitália ambígua, fazendo com que mulheres se pareçam mais com homens.

O excesso de andrógenos, causado por se herdar esse gene, também interfere no ciclo ovulatório normal, e impossibilita que algumas dessas mulheres sejam capazes de engravidar. Cerca de uma em cada trinta judias asquenazim, cerca de uma em cada cinquenta mulheres de ascendência hispânica, e proporções mais baixas de mulheres de várias etnicidades, herdaram genes que causam a HAC, mas muitas delas nem sequer sabem disso.[9]

Não é preciso se submeter a testes genéticos para descobrir. Existe um exame de sangue relativamente simples que indica se uma mulher pode estar sofrendo dessa forma de HAC, mas nem sempre esse exame é solicitado. Como resultado, inúmeras mulheres passam anos de suas vidas recebendo tratamentos para infertilidade ineficazes, sem mencionar os milhares de dólares gastos, antes de descobrirem que a condição que as impede de engravidar não é um problema de fertilidade, mas sim um distúrbio genético que pode ser facilmente tratado com um medicamento chamado dexametasona.

Mas e Ethan? Poderia o caso dele ser uma forma incomumente pronunciada de HAC? Depois de uma breve discussão, rapidamente riscamos essa possibilidade. As mutações genéticas que causam a HAC podem causar virilização em meninas, até mesmo ao ponto de elas parecerem meninos ao nascer, mas existe uma coisa que essas mutações não podem fazer: elas não são capazes de produzir testículos. Conforme uma inspeção visual e um ultrassom testicular confirmaram, Ethan de fato tinha dois testículos formados normalmente.

Existem algumas condições ainda mais raras que podem causar uma reversão de sexo XX desse tipo, mas nenhuma delas combinava com o que estávamos vendo em Ethan. Lentamente, mas com segurança, nos movemos do provável ao improvável, considerando cada causa possível para a condição de Ethan, e excluímos uma por uma da lista.

Por fim, nosso grupo convergiu em torno de uma ideia famosa do célebre Sherlock Holmes, de sir Arthur

Conan Doyle: "Quando você tiver eliminado o impossível, o que quer que restar, por mais improvável que seja, deve ser a verdade." Entretanto, conforme íamos descartando o impossível, o que restava parecia tão incrivelmente improvável que foi necessário que se passasse um longo tempo para aceitarmos que aquilo poderia ser mesmo verdade.

Talvez tenhamos estado enganados a respeito do que pensávamos sobre o sexo todo esse tempo.

* * *

Durante muito tempo, o dogma vigente foi o de que, embora cromossomicamente possamos ser do sexo masculino ou do sexo feminino, em termos de desenvolvimento todos começamos da mesma maneira. Se herdamos um cromossomo Y, ou até mesmo uma parte muito pequena dele, faremos um desvio na direção da masculinidade. Na ausência disso, no entanto, todos nós continuaríamos seguindo o caminho genético de ser fêmea.

Entretanto, em Ethan, como vimos, não era essa a situação. Por isso começamos a suspeitar de que a sabedoria genética convencional estivesse, na verdade, errada.

Como um dos primeiros satélites espiões a orbitar a Terra, a maior parte da informação reunida com base nos primeiros exames genéticos de cariótipo que se realizaram era de baixa resolução. Era, fundamentalmente, um vislumbre a um quilômetro de distância do pacote de nosso genoma.

Mas, até mesmo voltando atrás algumas décadas, o que o exame podia nos mostrar era se grandes pedaços dos braços que integram cada cromossomo estavam presentes ou não.[10] De certa maneira, realizar um cariótipo é como caminhar por uma loja de antiguidades e parar para olhar uma estante de livros onde se encontra uma enciclopédia. Com uma olhadela bem rápida você pode contar os volumes numerados e ver se todos eles estão presentes. O mesmo vale para um cariótipo. Ele propicia uma fotografia capaz de mostrar se cada um de nossos 46 cromossomos está presente, mas é impossível dizer se todas as páginas onde nossos genes são "impressos" se encontram dentro dos volumes, seguras e intactas.

Nos últimos anos, a resolução com que estudamos os genomas vem aumentando de maneira fenomenal. Hoje podemos utilizar um tipo detalhado de exame, chamado de hibridização genômica comparativa baseada em microarranjos, na qual, basicamente, "desempacotamos" o DNA de uma pessoa e, em seguida, o misturamos com uma amostra conhecida de DNA. Comparando as duas, podemos identificar pequenos trechos de DNA que estejam faltando ou em duplicata. Esse procedimento cumpre o mesmo objetivo do cariótipo, mas em um nível incrivelmente mais detalhado.[11]

Entretanto, caso você deseje obter ainda mais informações, como chegar às letras individuais que soletram seu genoma, ao ponto em que podemos não apenas ver nossos cromossomos, mas também procurar por alterações raras na sequência de cada um dos bilhões de nucleotídeos individuais – adenosina, timina, citosina, guanina –, então você precisa fazer um sequenciamento do seu DNA.

Voltando ao Ethan, descobrimos algo específico que não esperávamos encontrar: ele tinha uma duplicação de um gene chamado *SOX3*, que é encontrado no cromossomo X. Os bebês cujo desenvolvimento resulta em meninas possuem dois cromossomos X, de modo que seria de se esperar que eles tivessem duas cópias do gene *SOX3*. E eles realmente as têm, mas geralmente um de seus cromossomos X é desativado, ou "silenciado", aleatoriamente, em cada célula, graças a um produto de um gene denominado *XIST*. O interessante é que a duplicação de Ethan proporcionaria uma oportunidade extra para que o gene *SOX3* fosse expresso a partir de cromossomos X não silenciados. Conforme vimos em um capítulo anterior, no qual Meghan herdou cópias extras de um gene que metabolizava a codeína, possuir uma quantidade extra de genes pode modificar ou alterar o volume total do produto proteico – o que, no caso de Meghan, causou uma overdose fatal a partir da codeína.

O que se descobriu foi que possuir uma cópia extra do gene *SOX3* foi significativo para Ethan, porque esse gene compartilha 90% de sua sequência de nucleotídeos com a região *SRY* – um pequeno pedaço do cromossomo Y que é uma placa de sinalização crucial na jornada de tornar-se um menino. As similaridades são tão significativas que é provável que o *SOX3* seja um ancestral genético do *SRY*. A diferença principal: o *SRY* existe apenas no cromossomo Y, enquanto o *SOX3* existe no cromossomo X.

Como poderia ter dito Sherlock: o jogo tinha começado.

* * *

Como um velho jogador de beisebol que volta da aposentadoria para participar de mais uma partida, hoje parece claro, graças a Ethan, que o gene *SOX3* tem a habilidade de atuar como um rebatedor substituto do *SRY*. E, quando colocado no lugar certo, e nas circunstâncias exatas, ele pode criar um menino a partir de uma menina, independentemente do cromossomo Y estar presente ou não.

Hoje em dia, sabemos da existência de algumas outras poucas pessoas com uma constituição genética semelhante, porém não idêntica à de Ethan. Para complicar ainda mais, foram descobertas algumas pessoas que, como Ethan, herdaram uma duplicação do gene *SOX3* e um complemento cromossômico "feminino" XX, e se desenvolveram anatomicamente como mulheres normais.

Se tivéssemos contado a um geneticista 35 anos atrás que você poderia transformar um camundongo castanho magro em um camundongo gordo e alaranjado, e tornar essa alteração herdável por meio da administração de ácido fólico, que ativa e desativa seus genes, ele provavelmente iria rir da sua cara.

Conforme vamos compreendendo melhor o cenário genético novo e em rápida transformação que nos rodeia, somos forçados a manter nossas mentes abertas. Os camundongos agouti de Jirtle são apenas um pequeno exemplo do poder que um fator ambiental específico pode ter no genoma.

É óbvio que nossas vidas raramente são influenciadas de maneira tão específica como a vida de um camundongo de laboratório – um modesto lembrete da multiplicidade de interações que percorrem o vastíssimo espectro de variáveis que estão fora de nosso alcance tecnológico, e até mesmo intelectual.

A verdade é que, apesar de nossa avançada tecnologia genética, ainda não sabemos exatamente o porquê de Ethan ter se tornado um menino, enquanto outros que herdaram uma constituição genética similar seguiram o curso de desenvolvimento natural e se tornaram meninas. Entretanto, sabemos que em diversas outras situações – Adam e Neil, os gêmeos monozigóticos com NF1, por exemplo – não é preciso muito para empurrar nossa supressão ou repressão genética em determinada direção, mudando completamente o curso de nossas vidas.

Nós apenas arranhamos a superfície do amplo espectro de fatores genéticos e epigenéticos que influenciam o nosso desenvolvimento sexual. E, no entanto, para a maioria das crianças como Ethan, o impacto ainda está sendo sentido de maneira muito binária. Menino ou menina? Ele ou ela? Rosa ou azul?

Mas não precisa ser assim.

* * *

A primeira vez que conheci uma *kathoey* foi quando eu fazia parte de um programa de prevenção do HIV com a PDA [Population and Community Development Association], uma organização não governamental que opera na Tailândia.

O nome dela era Tin-Tin. Trabalhava toda a noite a apenas alguns passos do local onde eu cuidava de um estande educativo em Patpong, o mundialmente famoso distrito de prostituição de Bangcoc. Uma das metas da PDA na Tailândia era aumentar o uso de preservativos para ajudar a prevenir a disseminação do HIV. Obviamente, isso era especialmente importante entre os profissionais do sexo daquela cidade.

A meta de Tin-Tin, por outro lado, era ligeiramente diferente: atrair o maior número possível de clientes pagantes para um dos clubes locais que exibiam shows de sexo de estilo burlesco.

Mesmo sem usar saltos, ela era um tanto alta para uma mulher tailandesa, e, em um lugar onde os trabalhadores dos sexos se aglomeravam como abelhas em uma colmeia, talvez em decorrência de sua altura, ela se diferenciava.

Patpong começou no que era então um subúrbio de Bangcoc, no fim da década de 1940, mas foi durante a Guerra do Vietnã que esse distrito começou realmente a fazer sucesso, quando centenas de militares norte-americanos passavam seus dias de folga e gastavam seus dólares fazendo aquilo que os soldados sempre fizeram. Hoje em dia, no entanto, o lugar lembra uma armadilha para turistas: um mercado de pulgas e playground sexual onde parece reinar um carnaval interminável.

Garotas como Tin-Tin são frequentes nas entradas dos clubes, seja como funcionárias que tentam convencer homens estrangeiros e casais aventureiros a entrar, ou como empreendedoras autônomas, tentando atrair aqueles que saem do clube para que gastem um pouco mais de dinheiro com um tanto mais de diversão.

Por dias, ela espiava o estande quando passava por lá, mas não foi ao balcão até uma noite, quando caiu um súbito aguaceiro, e ela saltou – com bastante graça, se considerarmos as ruas molhadas e seus saltos de quase 20 centímetros – e se enfiou embaixo de um toldo próximo.

Ela pegou um dos panfletos preparados pela organização para a qual eu estava trabalhando e o manuseou casualmente, olhando para o lado que estava escrito em tailandês.

"Então, você é casado?", ela perguntou em um inglês surpreendentemente bom, e com uma voz muito mais grossa do que eu esperava.

A tempestade durou cerca de 30 minutos, e ficamos conversando até passar. Esse período de meia hora com Tin-Tin foi incrivelmente informativo.

Eis um pouco do que ela revelou. Há cerca de 200 mil pessoas na Tailândia que são consideradas *kathoey* – o que muitos tailandeses, até mesmo os socialmente conservadores, consideram ser um "terceiro sexo". Algumas delas são *cross-dressers*. Outras são transgêneros pré-operados. Outros completaram cirurgicamente a transição plena de homem para mulher.

E não, nem todos são profissionais do sexo. As *kathoey* trabalham em todas as facetas da sociedade tailandesa, desde fábricas de roupas até linhas aéreas, e até mesmo nos ringues de *muay thai*. É verdade: uma das mais famosas *kathoey* é uma lutadora campeã chamada Parinya Charoenphol, um ex-monge budista que construiu uma carreira lutando *muay thai* para conseguir levantar dinheiro suficiente para pagar uma cirurgia de redesignação sexual. Às vezes ela chegava ao ringue usando maquiagem e, depois de ter derrotado seu oponente, dava um beijo nele.

Nada disso significa que as *kathoey* não sofrem uma significativa discriminação na Tailândia. Elas sofrem. Em primeiro lugar, não existe qualquer mecanismo para mudar o gênero legal de uma pessoa de masculino para feminino, nem mesmo para o caso daqueles indivíduos que podem na verdade ser mulheres geneticamente. Em uma nação que convoca cerca de 100 mil homens para o serviço militar a cada ano, no passado isso causou alguns problemas. Aqueles que procuram a redesignação de sexo têm, ainda, outros desafios. Na Tailândia, esse processo é relativamente barato quando comparado aos padrões ocidentais, motivo pelo qual essa nação é um dos lugares mais populares no mundo para se realizar esse tipo de operação. Entretanto, embora essa seja mais barata que em outros lugares, ainda assim está fora do alcance da maioria dos tailandeses. Desesperadas, muitas *kathoey* recorrem à prostituição para realizar o sonho da cirurgia.

E essa era a história de Tin-Tin. Nascida em uma família de fazendeiros pobres na cidade de Khon Kaen, no nordeste do país, ela se mudou para Bangcoc aos 14 anos para tentar a vida. Tin-Tin tinha 24 quando nos conhecemos, e ainda não havia conseguido juntar dinheiro suficiente para uma operação como aquela, e já fazia algum tempo que vinha se resignando com a possibilidade de nunca o conseguir. Além disso, todos os meses ela enviava, religiosamente, uma quantia para os pais. "De onde eu vim, espera-se que os filhos homens cuidem de seus pais", disse-me ela. "Embora hoje eu seja mais uma filha do que um filho para minha mãe e meu pai, continuo me sentindo na responsabilidade."

Nas semanas que se seguiram ao início das minhas conversas ocasionais com Tin-Tin, aprendi muito mais e fui aceito no que se tornou um curso de dismorfologia ministrado por ela sobre as melhores maneiras de reconhecer uma *kathoey*, o que era fascinante.

"Olhe para mim", disse ela certa noite. "O melhor lugar para começar é pela altura. Essa é sua primeira pista."

Ela estava certa. Em termos genéticos, uma característica que cruza todas as etnias é o fato de que os indivíduos do sexo masculino tendem a ser significativamente mais altos que os do sexo feminino.

"Certo", disse eu, apontando para uma garota mais baixa que estava de pé em frente a um bar do outro lado da rua. "E aquela garota lá?"

"*Kathoey*", disse Tin-Tin.

"Olhe para a garganta dela. Você pode ver um grande... Como você chama essa coisa?", ela jogou a cabeça para trás e apontou para a própria garganta.

"Pomo de adão", disse eu.

"É, isso", disse ela. "Essa é a pista número 2."

Mais uma vez ela estava geneticamente certa. O pomo de adão, tecnicamente conhecido como proeminência laríngea, é o resultado de hormônios masculinos que modificam a expressão dos genes durante a puberdade, deflagrando o crescimento dos tecidos.

"Bem, a primeira pista para mim foi a sua voz", eu disse.

"As pessoas podem ser tão facilmente enganadas pela voz", disse ela, elevando a própria voz em duas oitavas, sobrepujando o tom de voz mais grave de seu pomo de adão.

"Certo", disse eu, apontando para mais uma garota, esta uma visitante regular do meu estande. "E a Nit? Ela é baixa. Eu nunca notei um pomo de adão nela. E ela tem uma voz aguda."

"*Kathoey*", disse Tin-Tin.

"Você tem certeza?"

Tin-Tin olhou para mim com um sorriso maroto de superioridade, sempre a professora paciente.

"É claro, dá pra ver. Olhe para os braços dela quando ela caminha", disse. "Está vendo os braços dela? Estão retos, como os de um homem. Você não está olhando para uma verdadeira dama. Ela nasceu menino. Ela fez cirurgias em todas as partes do corpo – garota sortuda –, mas os cotovelos nunca mentem."

Tin-Tin estava se referindo ao ângulo de carregamento, a maneira sutil como os antebraços e mãos de uma mulher se afastam do corpo quando os braços são dobrados na altura do cotovelo. Você mesmo pode conferir isso se ficar de pé em frente a um espelho e fingir estar carregando uma bandeja com os braços dobrados.

No entanto, não fique muito preocupado caso você seja homem e descubra que esse ângulo é mais pronunciado em você. O conselho de Tin-Tin era claro – quanto maior o ângulo de carregamento, maior a probabilidade de que você seja uma mulher –, mas como muitas outras partes do nosso corpo, existe uma variabilidade significativa.

* * *

A Tailândia não é a única nação na qual prevalece uma visão de gênero com mais nuances.

Até o ano de 2007, os relacionamentos homossexuais eram ilegais no Nepal. Mas, por volta de 2011, a pequena nação do sul da Ásia, com cerca de 27 milhões de habitantes, entrou para a história como o primeiro país no mundo a realizar um censo no qual foram contados não apenas homens e mulheres, mas também um "terceiro gênero", que incluía pessoas que não sentiam que se adequavam bem a qualquer das duas categorias.

Próximo à Índia e ao Paquistão, um grupo conhecido como *hijras* – indivíduos fisiologicamente do sexo masculino que se identificam como mulheres (e que, por vezes, se submetem à castração) – também conquistou reconhecimento especial. Já em 2005, as autoridades indianas que emitiam passaportes começaram a permitir que os *hijras* fossem identificados como tais em seus documentos, e, a partir de 2009, o Paquistão aderiu a essa política.

O ponto crítico em todos esses lugares é a ideia de que a identidade de gênero – ou a ausência desta – não é uma questão de escolha. Infelizmente, isso não altera nem um pouco o preconceito que muitos continuam enfrentando, mas cria um cenário para que essas sociedades relativamente conservadoras ao menos reconheçam legalmente e proporcionem algumas medidas de proteção para aqueles que não se enquadram nos papéis binários clássicos de gênero.

É importante reconhecer que não estamos falando sobre indivíduos e grupos que adquiriram uma ideia mais liberal e moderna de fluidez a respeito do gênero a partir do contato com sociedades ocidentais. Os *hijras*, em particular, têm uma história de quatro mil anos tanto na Índia quanto no Paquistão.[12]

A castração não é, tampouco, um fenômeno exclusivamente do sul da Ásia. Ela abrange dezenas de culturas, inclusive várias culturas ocidentais relativamente modernas. Na Itália, por exemplo, centenas – se não milhares – de jovens rapazes tiveram seus testículos removidos entre os séculos XVI e XIX por causa da música. Esses jovens ficaram conhecidos como *castrati*.

Gizziello, Domenichino e Carestini hoje em dia não são nomes conhecidos, mas no século XVIII esses *castrati* – que combinavam uma capacidade pulmonar masculina a um alcance feminino, graças ao fato de suas vozes terem sido congeladas na pré-puberdade – eram os cantores de maior sucesso na Itália. George Frideric Handel tinha uma predileção por eles. Escreveu várias óperas, incluindo *Rinaldo*, tendo em mente cantores *castrati*.

Hoje em dia há poucos registros conhecidos de um *castrato*, todos eles feitos por Thomas Edison sobre o cantor Alessandro Moreschi, que deteve o posto de primeiro soprano no coro da Capela Sistina do Vaticano por três décadas, até sua aposentadoria em 1913.[13] Moreschi morreu em 1922, aos 63 anos, o que para os padrões de hoje seria ainda um tanto novo, mas naquela época tal idade superava em uma década a expectativa média de vida na Itália.

Talvez isso não seja uma coincidência. Além de suas vozes distintas, a pesquisa sobre as vidas de eunucos que trabalhavam na corte imperial da dinastia Chosun, na Coreia, demonstra que eles viviam décadas a mais do que outras pessoas que trabalhavam no palácio, incluindo os próprios membros da família real. Os pesquisadores desse fenômeno têm sugerido que isso seja uma evidência de que os hormônios sexuais masculinos, como a testosterona, prejudicam a saúde cardiovascular ou enfraquecem o sistema imune com o passar do tempo, por meio de modificações tanto na expressão quanto na repressão genética.[14]

Certamente eu não estou defendendo a castração como alguma maneira de acrescentar alguns anos extras à sua vida. O que estou sugerindo, no entanto, é que nossa biologia sexual não se resume ao sexo genético, e sim a uma combinação única de genes, *timing* e circunstâncias ambientais. Como temos visto repetidas vezes, pessoas que não se encaixam na norma, seja por qual razão, têm muito a nos ensinar.

Isso não se aplica apenas a casos de um em um bilhão, como o de Ethan, mas também a centenas de milhões de pessoas no mundo que não se conformam – genética, biológica, sexual ou socialmente – à visão rígida e tradicional da masculinidade e feminilidade.

* * *

Conforme estamos sempre aprendendo, nossos genes são incrivelmente sensíveis. Seja em decorrência de uma alteração de sua dieta, exposição à luz solar ou até mesmo bullying, nossas vidas estão continuamente informando nossa herança genética. E quando se trata de expressão ou repressão genética, não costuma ser preciso muito para modificar o rumo das coisas.

No caso de Ethan, afinal de contas, não foi necessária uma enciclopédia inteira, nem mesmo um único volume de material genético, para transformá-lo de menina em menino. Foi necessário apenas um pouco de expressão gênica extra em um momento preciso de seu desenvolvimento. Dessa maneira, Ethan, apenas com sua porçãozinha extra de *SOX3*, alterou para sempre e por completo muitas das nossas percepções a respeito de como nos desenvolvemos. Você provavelmente já ouviu a frase "o que fica atrás de nós e o que jaz à nossa frente têm muito pouca importância, comparado com o que há dentro de nós".[15] Trata-se, certamente, de um belo ponto de vista. Mas o que estamos aprendendo agora é que essa pequena matéria dentro de nós tem muito a ver com aquilo que está atrás de nós – e também com o que está à nossa frente. E de maneiras que nunca antes poderíamos ter imaginado.

Nosso meio cultural também pode ter um impacto significativo na maneira como vemos os sexos. Pense novamente no que acontecia na China, por exemplo, à medida que o ultrassom propiciava uma fotografia binária do desenvolvimento fetal para um número cada vez maior de pessoas, dando aos pais que preferiam meninos a oportunidade de eliminar as meninas. Lembrem-se: não foi para isso que o sonar médico foi originalmente desenvolvido. A intenção era ajudar a trazer vidas ao mundo.

Hoje em dia, a maneira como alguns pais chineses estão utilizando os ultrassons pré-natais para escolher meninos em vez de meninas faz com que muitas pessoas no Ocidente se sintam desconfortáveis. E, no entanto, vivemos em um mundo no qual o gênero é apenas uma dentre muitas outras coisas que podem ser escolhidas ou eliminadas antes da concepção ou durante a gestação com base em exames genéticos.

Será que estamos preparados para um mundo no qual crianças como Ethan, Tin-Tin, Richard, Grace e todas as outras pessoas que lhe apresentei neste livro – sem mencionar os milhões e milhões de outras que não se ajustam às nossas normas sociais, culturais, sexuais, estéticas e genéticas – poderiam ser identificadas geneticamente e, como um submarino no Caribe, eliminadas?

Conforme veremos em seguida, na nossa busca por uma perfeição genética ainda maior, podemos estar eliminando muito mais do que apenas milhões de pessoas que não se adaptam às normas sociais que criamos. Na verdade, podemos estar erradicando as próprias soluções para os problemas médicos que temos nos esforçado tão arduamente para resolver.

CAPÍTULO 11

Juntando os pedaços
O que as doenças raras nos ensinam sobre herança genética

A essa altura você muito provavelmente já deve estar mais sintonizado com todas as ocorrências genéticas fantásticas e aparentemente irrelevantes que necessitam acontecer – na ordem precisa, no momento exato – para que um bebê venha a nascer.

E, em seguida, para que essa criança consiga atravessar o seu primeiro dia de vida. E sua primeira semana. E seu primeiro ano.

E assim por diante.

Pela puberdade. Na vida adulta e na parentalidade. Nas mudanças da meia-idade. E, como vimos anteriormente, contra todos os fatores biológicos, químicos e radiológicos que conspiram dia após dia para alterar nossos genes.

Entretanto, pode ser que estejamos deixando escapar o passo a passo dos eventos biológicos. Desde os batimentos do seu coração até a expansão de seus pulmões se enchendo de ar a cada respiração, a maior parte de sua vida biológica e das consequências genéticas dela acontece nas sombras. Na maioria das vezes, é nos extremos do excesso fisiológico que você é lembrado de que seu coração provavelmente nunca parou de bater desde que você nasceu. Quando ele acelera porque você está excitado, nervoso, ou mesmo se exercitando, sua atenção se volta para o que está acontecendo dentro do seu corpo, mas talvez você não reflita com muita frequência a respeito de como uma mudança específica está sendo orquestrada por – e ao mesmo tempo impactando – uma multiplicidade de mecanismos genéticos e fisiológicos. Conforme vimos, nossos genomas existem em conjunto com o ambiente em que vivemos, respondendo a todo instante, por meio da expressão e da repressão, àquilo de que necessitamos, e quando necessitamos.

Alguns desses eventos podem ser tão banais como a necessidade da criação de mecanismos moleculares, na forma de uma enzima que ajude você a digerir seu café da manhã. Outros momentos podem ser mais significativos, exigindo que seu genoma propicie os moldes para proteínas como o colágeno, que são utilizadas para suporte ou alicerces estruturais, capazes de ajudar você a se curar e se recuperar do trauma físico de uma cirurgia.

É triste, em minha opinião, que sempre que as coisas estão correndo bem nós passemos a maior parte dos dias alegremente ignorantes dos detalhes dos sustentáculos genéticos de nosso próprio funcionamento interno, sem perceber que até mesmo durante o repouso nossos corpos se encontram em constante movimento. Em geral, é apenas quando algo vai terrivelmente mal para nós, ou para alguém que amamos, que começamos a nos tornar um pouco mais sintonizados com todas as inexplicáveis complexidades e enigmas que tiveram que acontecer, e precisam continuar acontecendo para que sejamos conduzidos do nascimento até onde quer que nos encontremos nesse exato momento.

Como sombras se movendo atrás de um lençol branco, ocasionalmente captamos sinais de nosso funcionamento interno. Sentimos nosso pulso se acelerar quando estamos excitados, vemos uma cicatriz se formar após um corte e depois desaparecer lenta e completamente. Durante todo esse tempo, deixamos de perceber as centenas, se não milhares, de genes que estão sendo continuamente expressos e reprimidos para que tudo isso aconteça tranquilamente, até que aconteça o inevitável.

Como um cano que começa a vazar em nossa casa, não damos realmente muita atenção àquilo que se encontra atrás das paredes ou debaixo do chão até que quebrem ou explodam. E, quando isso acontece, não conseguimos pensar em mais *nada*.

A vida é assim. Na maior parte do tempo nosso corpo não pede muito em troca para a nossa continuada existência. Alguns milhares de calorias por dia, um pouco de água e exercícios leves. Só isso. O único pagamento exigido para manter nossas vidas preciosas.

Nossos corpos podem até mesmo nos ajudar, na maior parte das vezes, como um *personal trainer* ou nutricionista pouco intrusivo. Sinais moleculares nos lembram gentilmente (algumas vezes, nem tanto) de que precisamos comer, beber e dormir. Ao liberar esses pequenos mensageiros, nossos corpos nos instam à ação. Mas é sempre um tipo precário de equilíbrio.

E se ignorarmos essas demandas, ou se não dispusermos dos meios para saciá-las, nossos corpos se mostram incansáveis, até que suas necessidades sejam atendidas (basta você pensar na última vez em que precisou ir ao banheiro, mas não conseguiu encontrar um). Tudo isso se dá de uma maneira tão fácil que a maioria das pessoas passa a maior parte da vida em um estado de ignorância fisiológica e genética quase completa.

É difícil reconhecer o que está dando certo até que algo saia um pouco dos eixos. Então, conforme veremos a seguir – quase como se você tirasse uma venda dos olhos que não sabia estar usando –, tudo se torna de uma clareza cristalina.

★ ★ ★

Não existe uma só pessoa exatamente igual a você nesse planeta inteiro.

Esclarecendo: muito embora você seja geneticamente único (a não ser que tenha um gêmeo monozigótico, e ainda assim, é provável que seus epigenomas sejam bem diferentes), existem muitas pessoas que devem ser realmente semelhantes a você.

Algumas vezes, contudo, o que nos faz diferentes são mudanças genéticas muito pequenas. Como a de Ethan, no capítulo anterior, que são capazes de impactar e de modificar de maneira significativa as nossas vidas. E algumas dessas mudanças são tão ímpares que é extremamente difícil encontrar qualquer outra pessoa no planeta que também as apresente. Se você é um geneticista, descobrir e estudar o que faz com que uma pessoa seja única pode mudar a maneira como você encara o resto da humanidade. E se os geneticistas tiverem a sorte de fazer esse tipo de descoberta, isso pode até mesmo levar a um novo tratamento para milhões de outras pessoas pelo mundo afora.

Esse pode ser o dom da raridade. A compreensão daquilo que torna diferentes as pessoas que destoam geneticamente pode propiciar uma perspectiva totalmente genuína a respeito de nossas vidas. Novas maneiras de encarar nossos eus genéticos, com base em um olhar oferecido por alguém com um distúrbio genético raro, podem abrir os caminhos para descobertas e tratamentos médicos para todos.

É por isso que eu gostaria que você conhecesse Nicholas. De certo modo, ele era um jovem professor. Dado que sua própria existência era incrivelmente improvável – ele é uma dentre raríssimas pessoas no mundo com uma condição denominada síndrome de hipotricose-linfedema-telangiectasia, ou SHLT –, sabíamos que tínhamos muito a aprender com ele.

Não era necessário ser um especialista em dismorfologia para saber, com uma única olhadela, que havia algo diferente em Nicholas. No entanto, talvez fosse preciso alguém como eu para explicar que existe uma base genética conhecida para essa diferença.

Com olhos azuis brilhantes e um rosto que parecia congelado em um estado perpétuo de contemplação, esse garoto de boa aparência também podia irromper em um sorriso tão largo e contagiante que seria impossível não corresponder. Nicholas era um adolescente, mas algo relacionado a seu estado dava a impressão de uma sabedoria muito além de sua idade.

Essas características eram tão impactantes e penetrantes que, de início, seria possível não notar os demais traços que dão origem ao nome dessa síndrome: hipotricose, uma ausência de pelos; linfedema, um ciclo contínuo de inchaços; e telangiectasia, vasos sanguíneos enredados em teia na superfície da pele.

A ausência significativa de pelos (Nicholas tinha apenas alguns tufos ruivos no alto da cabeça) e as veias aracnídeas sutilmente aparentes em sua pele eram, ambas, questões basicamente estéticas. Isso não significa que tais questões não tivessem importância, mas nenhuma das duas implicava risco de vida. Os inchaços, no entanto, eram outra história. Sob circunstâncias normais, nossos corpos fazem um trabalho bastante bom de colocar em movimento, metodicamente, os vários fluidos que coleta nos tecidos enquanto seguimos com a vida cotidiana. Algumas vezes, em resposta a infecções ou ferimentos, o fluido permanece um pouco mais de tempo em determinada área. Quase todo mundo já passou por isso em algum momento da vida; se você já torceu o tornozelo ou o punho, sabe como funciona. Um pouco de inchaço é uma parte bem normal do processo de cura, e geralmente faz bem ao corpo. Entretanto, no caso de pessoas com SHLT, eles ocorrem não como resposta a ferimentos, mas como um sintoma contínuo do que parece ser um sistema linfático comprometido, e isso não é nem um pouco saudável.

HERANÇA

Embora a SHLT seja extremamente rara, afetando não mais que uma dúzia de pessoas no mundo inteiro, a combinação de todos esses sintomas é bastante comum entre os portadores da condição. Nicholas, no entanto, também sofria de insuficiência renal, o que fazia com que precisasse desesperadamente de um transplante de rim. Até onde sabíamos, isso não era "normal" para as outras pessoas que já foram identificadas com SHLT. E foi isso que nos lançou em uma viagem pelo mundo em busca de explicação. Como muitas jornadas, essa também começou com um mapa. Em vez de números de estradas e nomes de ruas, esse mapa incluía um endereço genético específico que era encontrado, até onde sabíamos naquele momento, unicamente no genoma de Nicholas. Alinhando todas as letras dessas sequências de DNA, contrastando-as com os genomas conhecidos de pessoas que não têm SHLT, e observando em seguida onde elas divergem, pudemos ver que a SHLT é, aparentemente, uma consequência de mutações ou mudanças em um gene chamado *SOX18*.

Às vezes, gosto de fazer amizade com os genes que estudo e, para isso, de vez em quando dou apelidos a eles. Esse eu gosto de chamar de gene Johnny Damon, em homenagem ao jogador de beisebol do Boston Red Sox, que usava a camisa de número 18, número que manteve quando virou a casaca e passou para o New York Yankees, o outro lado de uma rivalidade histórica.

Os Yankees recrutaram Damon porque tinham expectativas quanto ao que ele poderia fazer pelo time. A essa altura, ele era um rebatedor de carreira com uma taxa de

.290 em onze temporadas na Liga, uma verdadeira ameaça para roubar bases e uma força sólida no campo externo.

Da mesma maneira que acontece com os nossos genes, quando você sabe o que um jogador fez no passado, torna-se bem mais fácil predizer como será seu desempenho no futuro. Em quatro temporadas com os Yankees, Damon continuou a rebater a uma taxa próxima a .290, mas, em sua temporada final no Bronx, fez quase uma centena de *strikeouts** (um recorde pessoal infeliz), roubou menos bases do que havia roubado em qualquer outra temporada e concorreu ao primeiro lugar em erros em campo da American League. Quando o contrato dele terminou no fim da temporada de 2009, os Yankees não o renovaram.

Os genes também funcionam assim. Uma vez que saibamos o que um gene particular faz sob circunstâncias normais, torna-se mais fácil estabelecer um critério comparativo que nos permita ver quando ele não está apresentando o desempenho esperado, e vice-versa. Assim, no caso do *SOX18*, pessoas com SHLT ajudam a enfatizar o importante trabalho que o gene costuma realizar, ajudando o corpo a desenvolver os mecanismos linfáticos corretos para recolher quaisquer excessos de fluido que vazem para o interior ou pelos interstícios de nossos tecidos.

Esse tipo de informação é incrivelmente útil. Entretanto, obviamente não nos ajuda a compreender por que Nicholas estava sofrendo de insuficiência renal.

---

* Um *strikeout* ocorre quando o rebatedor recebe três *strikes* durante sua vez com o taco. (N. do T.)

Poderiam a SHLT e sua insuficiência renal serem apenas uma coincidência? Certamente. Afinal, existem pessoas no mundo inteiro que sofrem de dois ou mais problemas médicos que não têm qualquer conexão genética entre si. Talvez Nicholas fosse simplesmente azarado. Mas isso não me convencia. Uma inquietação persistente me mobilizava para continuar investigando os motivos pelos quais sua mutação específica no *SOX18* e sua insuficiência renal poderiam estar relacionadas, especialmente devido à falta de quaisquer outras explicações. Assim, tendo Nicholas como guia, embarcamos em mais uma aventura genética.

* * *

Quando nos deparamos com um paciente no qual conseguimos identificar uma mutação específica, costuma ser útil – e até mesmo vital – saber se tal mutação é original ou herdada. Portanto, uma das primeiras medidas que tomamos é conferir o DNA dos pais do paciente, para saber se a mutação está presente em algum deles. Se os pais não tiverem a mesma mutação em seus genes, pode ser que se trate de uma nova mudança genética, a que chamamos *de novo*. Não podemos presumir imediatamente que estamos diante de uma diferença original, porque temos também que levar em consideração a possibilidade de uma fraqueza humana comum: a infidelidade.

E isso, como você pode imaginar, pode levar a um caminho potencialmente espinhoso e perigoso de brigas familiares, especialmente se a condição genética em questão for do tipo que exige que outras pessoas sejam alertadas, por se tratar de uma questão de vida ou morte.

No caso de Nicholas, não conseguimos encontrar o gene mutado no DNA de nenhum dos pais, mesmo após termos confirmado a paternidade. Assim, de acordo com o que acabei de lhe dizer, isso significaria que estávamos diante de uma mutação *de novo*.

A não ser por um acontecimento trágico. No ano em que Nicholas nasceu, sua mãe, Jen, engravidara de outro menino. Aos sete meses de gestação, Jen ficou muito doente. Uma investigação de sua condição revelou que seu bebê estava em crise. Isso resultou em uma cirurgia de emergência *in utero*, à qual o bebê não sobreviveu. Uma avaliação do DNA da criança perdida demonstrou que ele possuía a mesma variação *SOX18* que seu irmão. Nicholas não estava só.

Teriam ambos os garotos desenvolvido, de alguma maneira, exatamente a mesma mutação nova? Isso é incrivelmente improvável. Em vez disso, suspeito que o pai ou a mãe de Nicholas talvez portassem uma mutação em células no interior de seus órgãos reprodutivos. Quando vemos esse tipo de padrão de hereditariedade – pais que não possuem uma mutação, mas têm mais de um filho com a mesma mutação genética – chamamos de mosaicismo gonadal.

Depois de ter entendido como Nicholas provavelmente teria herdado sua mutação *SOX18*, eu estava preparado para cavar mais fundo. E, quando o fiz, uma coisa continuava se destacando: os outros poucos indivíduos conhecidos que têm essa condição eram homozigotos para a mutação *SOX18*, o que significa que eles portavam duas cópias do gene mutado. Nicholas, no entanto, herdara uma única cópia do gene *SOX18* disfuncional, o que significava que ele era heterozigoto para esta mutação. Diferentemente do que acontecia com Nicholas, os pais desses outros "portadores" não apresentavam SHLT, muito embora todos eles fossem heterozigotos e possuíssem apenas uma mutação em seu gene *SOX18*, exatamente como Nicholas. Isso significa que, se tivéssemos compreendido a genética corretamente, Nicholas não deveria apresentar a SHLT.

Em genética, muitas vezes o esforço para responder a uma pergunta nos leva a cinco novas. O que esperávamos no caso de Nicholas era que todas essas perguntas nos aproximassem do motivo de sua insuficiência renal. Quando recuei um passo para reavaliar seu caso, comecei a me perguntar se a insuficiência renal de Nicholas poderia estar sendo causada por outra condição, que fosse geneticamente similar, porém distinta da SHLT.

Teorias são uma coisa; tentar prová-las ou refutá-las é algo completamente diferente. Para isso, teríamos que encontrar mais uma agulha genética em um palheiro feito de sete bilhões de indivíduos. Em termos práticos, as chances de encontrar outra pessoa com exatamente a mesma mutação genética e sintomas de Nicholas eram próximas a zero. Com essas probabilidades, o fracasso era quase certo. O que significava que, sem dúvida, valia a pena tentar.

Assim, fiz o que qualquer bom geneticista que procurasse por resposta teria feito: sair por aí. Enquanto viajava apresentando o caso de Nicholas em diversos congressos, mantinha a esperança de que aparecesse alguém que tivesse conhecido um paciente com sintomas semelhantes aos de Nicholas.

Fazendo uma retrospectiva, não estou certo do que estava ingenuamente pensando, já que as probabilidades de que isso acontecesse eram altamente desfavoráveis. Entretanto, sabendo que poderia simplesmente ajudar Nicholas, assim como proporcionar uma quantidade imensa de novos conhecimentos médicos, era uma tentativa legítima.

Como temos visto repetidas vezes, a compreensão de casos raros como o de Nicholas tem o poder de impactar e modificar também nossas vidas. Felizmente, existe um grande contingente de pesquisadores em genética e médicos dedicados a ir ao fundo desses tão complicados mistérios da medicina. Além disso, uma coisa que eu não sabia naquela época é que havia, em um continente completamente diferente, uma equipe de médicos e pesquisadores devotados que, por acaso, estavam fazendo as mesmas perguntas a respeito de um paciente incrivelmente semelhante a Nicholas. Contrariando todas as probabilidades, o paciente deles, Thomas, também tinha SHLT.

Assim como Nicholas, e diferentemente das outras poucas pessoas com SHLT que herdaram duas mutações, descobriu-se que Thomas portava uma única cópia de uma mutação *SOX18*. O fator decisivo, para minha completa e total surpresa, era que ele também havia sofrido de insuficiência renal, o que resultara em um transplante de rim.

Mais importante ainda – e essa é a parte que até hoje não conseguimos decifrar –, Thomas não apenas apresentava as mesmas características clínicas de Nicholas, como também compartilhava exatamente a mesma mutação de um de seus genes *SOX18*.

Quando finalmente vi uma fotografia de Thomas, a experiência foi absolutamente surreal. Ali, na tela do meu computador, olhando para mim numa madrugada em que eu me encontrava sozinho no meu consultório, estava um homem que poderia ter sido – não, eu poderia jurar que era – a versão de 38 anos do adolescente Nicholas, de 14.

Ambos tinham as mesmas cabeças desprovidas de cabelos, os mesmos olhos amendoados, os mesmos lábios cheios, vermelhos e profundamente curvados, e, acima de tudo, a mesma aparência bondosa e sábia, como se tivessem sido talhados da mesma substância material.

Dada a jornada incrivelmente difícil que ambos haviam realizado, talvez de certa forma tivessem mesmo.

Até o presente momento, ainda não existe resposta para o mistério de como esses dois indivíduos separados pela idade e por cerca de sete mil quilômetros vieram a exibir uma semelhança tão contundente em termos de condição genética, aparência física e histórico médico, que incluía a insuficiência renal. Trata-se de um grau de semelhança que ninguém mais no planeta tem.

Essa similaridade, acrescida de todas as outras, nos levou à única conclusão possível: estávamos diante de uma condição totalmente nova.

Ora, os benefícios para a próxima pessoa que vier ao mundo com SHLTR (o R extra significa "renal") são bastante óbvios. Nicholas recebeu seu novo rim, um presente fantástico do pai, Joe, e se recuperou muito bem da cirurgia. Também vem tirando boas notas na escola. Um feito nada insignificante para um rapaz que perdeu tantas aulas em decorrência de suas consultas médicas e visitas a hospitais. Hoje ele também vem se abrindo socialmente de uma maneira que jamais havia feito no passado. Além do fato de ser um garoto incrível, com uma família impressionantemente apoiadora e amorosa, essas melhoras concretas em sua qualidade de vida podem também ser atribuídas a uma supervisão médica constante e aos cuidados especializados e multidisciplinares de especialistas que Nicholas recebe desde que sua condição foi identificada de forma mais precisa. E aquilo que funcionou para Nicholas e Thomas será a primeira coisa a ser testada para o próximo paciente com características semelhantes. Isso sem mencionar que esse próximo paciente poderá saber com muito mais antecedência que não está só no mundo.

Obviamente, estamos falando aqui de um tipo de situação que talvez seja de uma em um bilhão, se é que chega a isso. A próxima ocorrência dessas pode estar muito, muito distante no tempo.

Então, o que isso tem a ver com o restante de nós?
Bem, na verdade, tem muito a ver.

* * *

Existem, hoje, mais de seis mil distúrbios raros conhecidos. Quando todos eles são agrupados, percebe-se que essas condições afetam um número que chega a trinta milhões de norte-americanos.[1] Isso equivale praticamente a um em cada dez habitantes dos EUA, ou mais do que toda a população do Nepal.

Uma boa maneira de visualizar isso é imaginar um estádio de futebol americano no qual quase todos estejam usando uma camiseta branca, exceto uma pessoa a cada 10; estas estão usando vermelho. Olhe para o estádio. O que você vê? Um mar de vermelho.

Agora, imagine que cada pessoa que veste vermelho esteja também segurando um envelope. E imagine que dentro de cada envelope existe um pedaço de papel com uma frase escrita. E imagine que todas essas frases, quando juntas, contêm uma história a respeito de todas as pessoas presentes nesse estádio.

É assim que funciona a pesquisa genética de doenças raras. Já falamos sobre como um número pequeno de pessoas que portam uma mutação no gene *SOX18* pode nos auxiliar a compreender melhor a maneira como tal gene funciona ajudando o corpo a construir seu sistema linfático.

E é aqui que Nicholas e Thomas podem ajudar ao restante de nós: muitos tipos de câncer cooptam o sistema linfático para seu próprio benefício e disseminação. Um mapeamento de como o *SOX18* está envolvido nesse processo pode propiciar um alvo novo e muito necessário para o tratamento de certos tipos de câncer. Também é muito provável que Nicholas e Thomas nos ajudem a entender melhor o papel desempenhado pelo *SOX18* na manutenção da saúde dos rins.

É por isso que, acima de qualquer coisa, todos nós estamos em débito com Nicholas, Thomas e uma multidão de outros indivíduos com condições genéticas que nos auxiliam em nosso trabalho. Dado o histórico das descobertas médicas, é bem mais provável que eles estejam proporcionando benefícios potenciais à saúde dos outros do que eles próprios se beneficiem dessas pesquisas.

Essa não é, certamente, uma concepção nova, e precede em muito nossa compreensão moderna da medicina genética. Em 1882 – dois anos antes da morte de Gregor Mendel – um médico chamado James Paget, hoje considerado um dos fundadores da patologia médica, observou no periódico médico britânico *The Lancet* que seria uma vergonha deixar de lado os indivíduos que sofriam de doenças raras "com pensamentos ou palavras insensíveis a respeito de 'curiosidades' ou 'riscos'".

"Nem uma só delas é desprovida de significado", prosseguiu Paget. "Qualquer uma delas pode se tornar o início de um ótimo conhecimento, se ao menos pudermos responder às perguntas: por que ela é rara? E, sendo rara, por que ocorreu nesse caso?"

Do que Paget estava falando? Bem, simplesmente considere o caso de um dos mais bem-sucedidos medicamentos na história da medicina, para ver com clareza o quanto o raro pode informar o comum.

HERANÇA

* * *

Todos nós precisamos de gordura. Quando não a comemos em quantidade suficiente, a vida pode se tornar bem desagradável – não apenas de uma perspectiva gastronômica, mas também fisiológica. Dietas com taxas baixíssimas de gordura podem prejudicar a absorção das vitaminas solúveis em gordura, como A, D e E, e alguns estudos sugerem até mesmo que tais dietas podem levar algumas pessoas à depressão ou ao suicídio.[2]

Entretanto, como é o caso de muitas coisas na vida, não é muito difícil consumir grandes quantidades de algo ruim. E o preço de uma dieta rica em gorduras é, para muitas pessoas, excesso de colesterol de lipoproteínas de baixa densidade, ou LDL. Possuir colesterol LDL em demasia no sangue pode levar à arteriosclerose, um termo derivado do grego antigo, com a palavra *athero* significando "cola" e *skleros* significando "duro". "Cola dura" é realmente uma boa maneira de descrever as placas que podem se formar ao longo de algumas de nossas paredes arteriais. Conforme isso acontece, as passagens vitais vão sendo estreitadas e se tornando menos flexíveis – uma combinação mortal que predispõe vítimas frequentemente insuspeitas a ataques cardíacos e derrames.

E essa, infelizmente, não é uma condição rara. Doenças cardiovasculares (DCV) afetam cerca de 80 milhões de cidadãos dos EUA, sendo a causa número um de morte nesse país, ceifando vidas de meio milhão de pessoas por ano.[3]

Entretanto, talvez não soubéssemos muita coisa sobre a DCV, não fosse por causa de uma condição genética muito rara, chamada *hipercolesterolemia familiar*, ou HF. No fim da década de 1930, um médico norueguês chamado Carl Müller começou a olhar para essa doença, que consiste basicamente em uma forma herdada de colesterol muito alto. O que Müller descobriu foi que as pessoas que nascem com HF não adquirem um nível alto de LDL ao longo de suas vidas; elas já começam a vida assim.

Ora, todos nós precisamos de um pouco de colesterol para funcionar; ele é o material inicial que nossos corpos empregam para criar muitos hormônios, e até mesmo a vitamina D. Entretanto, se tivermos colesterol demais flutuando na corrente sanguínea, corremos o risco de morrer de complicações relacionadas a doenças cardíacas. Para as pessoas com HF, esse destino pode advir realmente muito cedo na vida, pois não é fácil para elas encaminhar o LDL do seu sangue para o interior do fígado, como a maioria de nós faz. O resultado são níveis extremamente altos de colesterol, que fica aprisionado no sistema circulatório. Sob circunstâncias normais, nossos corpos utilizam o *LDLR,* um dos genes implicados na HF para fabricar um receptor que o fígado emprega para remover o LDL. Normalmente, isso ajuda a evitar que esse tipo de colesterol se acumule no sangue, oxidando e prejudicando o coração. Mas se a pessoa é portadora de uma cópia do gene *LDLR* que tem uma mutação que causa a HF, nesse caso o movimento normal do colesterol não funciona e toda aquela gordura permanece no seu sistema cardiovascular, correndo de um lado para o outro com uma potencial fúria homicida.

Não é incomum que homens que possuem duas cópias dessas mutações morram de ataque cardíaco na faixa dos 30 anos, ou até antes. Isso pode acontecer até mesmo se eles estiverem correndo maratonas e seguindo as dietas mais saudáveis possíveis.

O que Müller não poderia ter imaginado naquela época é que ele estava ajudando a estabelecer o cenário conceitual para o desenvolvimento de uma das drogas mais populares da história farmacêutica.

Há muito tempo, sabemos que níveis altos de LDL podem, na maioria das pessoas, ser tratados com dietas e exercícios. Entretanto, visto que isso não é o suficiente para pessoas com HF, os pesquisadores que seguiam os passos de Müller estavam em busca de outra maneira de nocautear os altos níveis de LDL associados a essa rara condição. O que eles desenvolveram foi uma droga que tem como alvo uma enzima chamada HMG–CoA redutase. Essa enzima normalmente ajuda o corpo a fabricar mais colesterol enquanto dormimos à noite. O que se esperava é que, ao bloquear essa enzima com um certo medicamento, os níveis de LDL no sangue baixariam. Pode ser que você até já tenha ouvido falar desse tipo de medicamento, ou o esteja tomando nesse exato momento.

A atorvastatina,* mais comumente conhecida pelo nome comercial Lipitor, é um dos medicamentos mais

---

* A atorvastatina não foi a primeira estatina a ser criada, mas é uma das mais conhecidas.

populares do grupo conhecido como estatinas. Tornou-se um dos remédios mais vendidos, e atualmente é prescrito a milhões de pessoas no mundo inteiro. Infelizmente, para algumas das pessoas que herdaram mutações causadoras da HF e que desempenharam um papel fundamental no avanço dos conhecimentos básicos, o Lipitor não é tão eficaz. Algumas novas drogas estão sendo agora aprovadas para administração em pessoas com HF. Entretanto, para algumas dessas pessoas, a única maneira real de manter seus níveis de LDL sob controle eficaz é um transplante de fígado.

Para muitos milhões de outros, contudo, o Lipitor tem, literalmente, salvado suas vidas, auxiliando pessoas com colesterol elevado a evitar uma morte precoce em decorrência de doença arterial coronariana, mesmo que seus problemas de saúde não sejam relacionados unicamente à genética, mas principalmente a um estilo de vida preguiçoso.

Quando o assunto são os medicamentos, as pessoas que mais precisam deles – e que mais os merecem – com frequência não são as primeiras a recebê-los. E, em muitos casos, nunca os recebem.

* * *

Às vezes, a distância entre uma descoberta genética e uma importante inovação de tratamento pode levar décadas. Esse, como discutimos anteriormente, foi o caso na busca de uma cura para a fenilcetonúria, começando com as descobertas de Asbjørn Følling, em meados da década de 1930, e culminando com o trabalho de Robert Guthrie, que tornou os exames para o diagnóstico dessa doença acessíveis a praticamente qualquer pessoa.

Em algumas ocasiões, todavia – e cada vez mais –, tudo se dá de forma bem mais rápida. É essa a história da acidúria argininosuccínica, ou ASA, um distúrbio metabólico que afeta o ciclo da ureia, quando o corpo luta para se livrar de quantidades normais de amônia.

Parece familiar? Sim, a ASA é muito semelhante à OTC, a condição compartilhada por Cindy e Richard. De maneira muito parecida com o que ocorre na OTC, as pessoas com ASA têm dificuldades para converter a amônia ao longo do ciclo de etapas necessárias para a produção da ureia.

Pessoas com ASA muitas vezes sofrem também de atrasos cognitivos. De início, supunha-se que esses efeitos neurológicos fossem resultantes dos níveis mais altos de amônia em seus sistemas, como era o caso de Richard. Mas não demorou para que os médicos percebessem que, no caso dos pacientes com ASA, os problemas de desenvolvimento continuavam em ação, e pareciam piorar com o tempo, até mesmo quando os níveis de amônia baixavam. Recentemente, no entanto, pesquisadores do Baylor College of Medicine começaram a prestar atenção em outro sintoma apresentado por algumas pessoas com ASA: um aumento inexplicável na pressão sanguínea. Eles sabiam que uma molécula simples, chamada óxido nítrico, era incrivelmente importante para manter a pressão baixa.

Eles também sabiam que a enzima responsável por causar a ASA é uma das rotas principais para a produção do óxido nítrico no corpo.

Com isso em mente, a equipe de Baylor decidiu deixar de lado alguns dos aspectos relacionados à amônia e se concentrar diretamente em dar aos pacientes de ASA medicamentos que funcionassem como doadores de óxido nítrico. Para a surpresa de todos, os pacientes apresentaram algumas melhoras promissoras no que dizia respeito à memória e à solução de problemas. Além disso, como benefício adicional, a pressão sanguínea dessas pessoas também se normalizou.[4]

Isso está muito longe de representar uma cura, mas, em vez de levar décadas, tal ligação vital levou apenas alguns anos para ser descoberta, e já está sendo empregada por alguns médicos na tentativa de tratar alguns sintomas de longo prazo da ASA. Também tem ajudado a informar a busca pelo esclarecimento dos mecanismos envolvidos na depleção do óxido nítrico, que também pode estar ocorrendo em diversas outras condições muito mais comuns, como a doença de Alzheimer – mais um lembrete de como o raro pode ajudar a esclarecer uma condição que, de uma forma ou de outra, afeta todos nós.

Muitas vezes, a maneira como as pessoas com doenças raras podem vir a ajudar o restante da população parece um tanto óbvia. Conforme vimos anteriormente, os médicos podem começar estudando pessoas com uma condição genética rara, como a HF – que causa níveis altos de colesterol e ataques cardíacos –, e acabar trabalhando na obtenção de um tratamento medicamentoso como o Lipitor, ajudando, assim, milhões de pessoas.

Minha própria trajetória pela descoberta e pelo desenvolvimento de produtos farmacêuticos não foi nem um pouco reta. Por vezes, a estrada que conduz de uma condição genética obscura a um novo tratamento não é linear. Meu interesse permanente pelo estudo de doenças raras acabou me levando à descoberta de um novo antibiótico, que batizei de Siderocillin. O que esse antibiótico tem de inovador é o fato de funcionar como uma bomba inteligente, para atacar especificamente as infecções por "superbactérias".

Na década de 1990, no entanto, eu não tinha o menor interesse em antibióticos. Estava intensamente dedicado ao estudo de uma condição denominada hemocromatose. Esse distúrbio genético faz com que o corpo absorva ferro em demasia na alimentação – o que, em algumas pessoas, pode provocar câncer de fígado, insuficiência cardíaca ou uma morte precoce.

O que a minha pesquisa sobre a hemocromatose me ensinou foi que eu poderia empregar alguns dos princípios dessa doença genética para criar um remédio que pudesse ter como alvos micróbios assassinos.

De acordo com os Centros para Controle e Prevenção de Doenças, mais de 20 mil pessoas morrem a cada ano somente nos Estados Unidos em decorrência de infecções por superbactérias. O que faz com que esses organismos sejam tão mortais é o fato de serem resistentes a muitos – senão a todos – antibióticos que existem no momento.

É por isso que a descoberta do meu medicamento tem o potencial de tratar milhões de pessoas e salvar milhares de vidas a cada ano. Mas, na época em que apresentei pela primeira vez minha invenção, ainda não havia qualquer relação linear estabelecida entre a hemocromatose e as infecções por superbactérias. Na verdade, muitos outros pesquisadores com quem eu trabalhava não conseguiam compreender por que eu estava estudando simultaneamente dois problemas distintos: os micróbios resistentes e a hemocromatose. Hoje eles entendem.

O conhecimento que adquiri com o estudo de doenças genéticas raras permitiu que eu obtivesse 20 patentes em diferentes partes do mundo, e as primeiras experiências clínicas com o uso do Siderocillin em humanos já deve estar em andamento. Dentro da minha esfera profissional, esse é o exemplo mais claro de como aplicar o conhecimento obtido com o estudo de doenças genéticas raras, que afetam poucas pessoas, para novas opções de tratamento para muitas outras. As condições genéticas raras também podem ser úteis de outras maneiras. Conforme veremos em seguida, elas também podem nos impedir de prejudicar nossos filhos – tudo em prol de alguns centímetros a mais.

★ ★ ★

Imagine a liberdade de poder escapar da sua própria herança genética. Vislumbre a possibilidade de deixar para trás qualquer gene que o coloque em risco para vários tipos de câncer. Certo, só tem um probleminha. Para isso você precisaria ter a síndrome de Laron.

Sem tratamento, a maioria das pessoas com essa condição tem geralmente menos de 1,50 metro de altura, uma testa proeminente, olhos fundos, ponte nasal achatada, queixo minúsculo e obesidade truncal. Sabe-se da existência de cerca de trezentas pessoas no mundo inteiro que apresentam essa condição, e mais ou menos um terço delas vive em alguns poucos vilarejos remotos nas montanhas andinas, na província de Loja, no sul do Equador.[5]

E todos eles parecem ser praticamente imunes ao câncer.

Por quê? Bem, para entender a síndrome de Laron é útil saber um pouco a respeito de outra condição genética, uma que existe no lado oposto do espectro, chamada de síndrome de Gorlin. As pessoas que apresentam esse distúrbio são suscetíveis a um tipo de câncer de pele chamado de carcinoma basocelular.* Embora tal carcinoma seja relativamente comum em adultos que passam uma boa parte do dia expostos ao sol, as pessoas com síndrome de Gorlin podem desenvolver esse tipo de câncer ainda na adolescência, e sem uma grande exposição ao sol.

Mais ou menos 30 mil pessoas são afetadas pela síndrome de Gorlin, embora se acredite que muitas delas não chegam a ser diagnosticadas. Em geral a pessoa não

---

* Com cerca de dois milhões de novos casos todos os anos, o carcinoma basocelular é na verdade o tipo mais comum de câncer de pele nos Estados Unidos, embora não seja o mais mortal. É claro que nem todos com carcinoma basocelular possuem a síndrome de Gorlin.

sabe que tem essa condição até que alguém de sua família receba o diagnóstico de câncer. Existem, contudo, algumas pistas de dismorfia que costumam estar presentes, as quais você provavelmente não teria dificuldades para identificar. Essas pistas incluem macrocefalia (cabeça grande), hipertelorismo (olhos afastados), e sindactilia[6] dos dedos 2-3 (segundo e terceiro dedos dos pés unidos). Outras características comuns incluem pequenas manchas nas palmas das mãos e costelas com uma forma peculiar, que podem ser reconhecidas em uma radiografia do peito.

Então, por que as pessoas com síndrome de Gorlin são tão sensíveis a adquirir malignidades, como o câncer de pele, sem serem expostas ao sol? Para responder a essa pergunta, é preciso que eu conte a você a respeito de um gene chamado de *PTCH1*. Nosso corpo normalmente utiliza esse gene para fabricar uma proteína chamada Patched-1, que desempenha um papel crucial na manutenção e no monitoramento do crescimento celular. Mas quando uma proteína chamada Sonic Hedgehog* ocorre em pacientes de Gorlin cuja Patched-1 não esteja funcionando de forma apropriada, ela neutraliza a contenção que normalmente existiria, o que faz com que as células fiquem livres para se dividir. E dividir. E dividir.[7] É claro que isso é um problema, pois, conforme já vimos várias vezes, um crescimento irrestrito equivale a uma anarquia celular. E, infelizmente, disso pode resultar um câncer.

---

* Caso você esteja se perguntando, a proteína Sonic Hedgehog recebeu esse nome por causa do personagem do videogame da Sega.

Certo, então o que a síndrome de Gorlin pode nos ensinar a respeito da síndrome de Laron? Basicamente, a síndrome de Gorlin representa, de certa maneira, o inverso genético da síndrome de Laron. Enquanto em uma delas há uma promoção do crescimento celular, a outra experimenta uma restrição dele. A síndrome de Laron é causada por mutações no receptor para o hormônio do crescimento. Isso torna as pessoas com a síndrome de Laron insensíveis ou imunes ao mesmo – um dos motivos pelos quais eles costumam ser um tanto baixos.

Em vez da anarquia celular encontrada nas pessoas com a síndrome de Gorlin, nos indivíduos com a síndrome de Laron existe uma poderosa inibição do crescimento, uma forma de totalitarismo celular extremado.

Certo, politicamente falando, você deve ter algumas reservas a respeito do totalitarismo como ideologia, mas de uma perspectiva puramente biológica esse tipo de regime tem sido incrivelmente bem-sucedido. Se não fosse assim, você não estaria aqui lendo este texto agora. Nem eu. Nem qualquer um dos demais organismos multicelulares nesse planeta.

Eu, você e todas as outras criaturas multicelulares somos o produto de um totalitarismo biológico que promove a obediência celular a qualquer custo, uma obediência imposta por receptores na superfície de quaisquer células que apresentem o potencial de se comportarem mal, praticando o *seppuku* ou *hara-kiri* celular – um tipo programado de suicídio das células conhecido como apoptose. Como guerreiros samurais que foram desonrados, as células que tenham cometido a imprudência de ter maiores aspirações do que a de ser apenas uma em uma multidão de muitos trilhões estão programadas – e por vezes recebem o comando – para dar fim às próprias vidas. Graças a esse mesmo mecanismo, as células que são infectadas por patógenos também podem se sacrificar de modo a proteger o corpo de invasores microbianos. É também esse mesmo mecanismo, sobre o qual aprendemos anteriormente, que libera nossos dedos das mãos e dos pés de ficarem presos uns aos outros durante o desenvolvimento. Se essas células não morrem – o que acontece em algumas condições genéticas –, você pode acabar com mitenes (aquelas luvas femininas sem separações para os dedos) no lugar das mãos.

É por isso que, como em tudo o mais, o equilíbrio é crucial. Processos que restringem o crescimento precisam ser constantemente balanceados com outros momentos nos quais o crescimento se faz necessário. Apenas pense em cada vez que você se feriu, desde um corte simples até um acidente bem mais sério. Considere todo o processo de reparação e remodelagem que seu corpo mobilizou – automaticamente. Tudo isso compõe a dinâmica do equilíbrio, que ocorre milhões e milhões de vezes por dia, entre a vida e a morte celular.

Você gostaria de bagunçar esse equilíbrio?

Bem, você ou alguém que você conhece provavelmente já fez isso.

* * *

HERANÇA

Ser alto tem suas vantagens. Crianças mais altas sofrem menos bullying e passam mais tempo se divertindo nas quadras de esportes. Pesquisas têm sugerido que adultos mais altos aparentemente conseguem com mais facilidade empregos de maior status e autoridade, e na média seus salários são melhores do que os de seus colegas de trabalho mais baixos.[8]

É óbvio que existem exceções. Entre as mais famosas destaca-se a figura de Napoleão Bonaparte. Ao que parece, a mais famosa de todas as pessoas verticalmente prejudicadas do mundo talvez não fosse assim tão baixa. Por volta da virada do século XIX, as polegadas francesas eram medidas um pouco maiores que as inglesas. Assim, enquanto os britânicos, que não eram exatamente grandes fãs de Napoleão, estabeleceram sua altura como sendo de 1,50 metro, é provável que na verdade ele estivesse mais próximo a 1,65 metro, o que de modo nenhum era baixo para sua época.[9]

Mas quer se trate de polegadas francesas ou inglesas, quando a questão é a altura, cada polegada conta. E encaremos os fatos: as pessoas que são capazes de alcançar a prateleira mais alta sem precisar subir em um banquinho podem ser simplesmente bastante úteis, às vezes.

Tudo isso é assim porque a baixa estatura, ou a percepção da mesma, é a segunda mais importante característica referencial para os endocrinologistas pediátricos. Não é que os pais amariam menos seus filhos se eles fossem baixinhos; é que em nossa geração a altura se transformou numa verdadeira *commodity*. Durante mais de meio século, as crianças com déficit de crescimento significativos eram tratadas preferencialmente com uma terapia à base de hormônio de crescimento recombinante (GH, do inglês *growth hormone*); hoje, no entanto, os pais estão bem conscientes de que na verdade eles podem ter influência na altura de seus filhos – e, teoricamente, ajudá-los a crescer para alcançar seu futuro.[10]

Existe hoje uma lista crescente de condições (algumas delas você já viu anteriormente neste livro) para as quais é prescrito o GH, a versão manufaturada do hormônio de crescimento humano. Desde a síndrome de Prader-Willi (o primeiro distúrbio humano ligado à epigenética) até a síndrome de Noonan (o distúrbio que identifiquei em Susan, a amiga de minha mulher, em um jantar alguns anos atrás), os pesquisadores estão descobrindo que um número cada vez maior de pessoas pode vir a se beneficiar de uma injeção extra de GH aqui ou ali.

Algumas dessas condições são distúrbios muito sérios, para os quais o GH é um componente essencial no tratamento de crianças doentes. Em muitos casos, no entanto, a administração do GH (normalmente através de injeções agendadas com regularidade) é especificamente utilizada para questões puramente de altura. A baixa estatura idiopática, por exemplo, é uma condição na qual a altura de uma criança apresenta um desvio de até duas medidas abaixo do padrão médico, embora não haja indícios de quaisquer anormalidades genéticas fisiológicas ou nutricionais que possamos identificar. Em outras palavras, trata-se provavelmente de crianças normais que por acaso são realmente baixas.

E é isso que incomoda Arlan Rosenbloom, da Universidade da Flórida, endocrinologista que foi um dos principais responsáveis pela descoberta de que os pacientes com síndrome de Laron raramente ou nunca desenvolvem câncer. Quando perguntei a ele se tinha alguma preocupação quanto a administrar o hormônio do crescimento em crianças, ele respondeu com uma única palavra: endocosmetologia. É assim que Rosenbloom chama (e um número cada vez maior de colegas seus), em um tom um pouco debochado, o uso de hormônio de crescimento para propósitos estéticos, incluindo o desejo de aumentar a altura de uma criança.[11]

Mas se o GH tem vencido todos os obstáculos regulatórios (e há muitos) para o uso em crianças e os estudos epidemiológicos não demonstraram um aumento de risco naquelas tratadas com tal hormônio, por que deveríamos nos preocupar?

Bem, para responder a isso pode ser útil darmos uma olhada em algo chamado fator de crescimento semelhante à insulina tipo 1, ou IGF-1 (do inglês *insulin-growth-factor*), que é liberada depois que o corpo experimenta um aumento repentino de hormônio de crescimento. A IGF-1 não promove apenas o crescimento vertical; também promove a sobrevivência das células – e se você estiver tentando acrescentar alguns centímetros à altura de uma criança, isso pode ser algo bom.

Mas antes que você permita que seu filho (ou filha) seja tratado com GH, leve isso em consideração: também se acredita que a IGF-1 inibe a apoptose – suicídio celular – e, no caso de um grupo de células que se rebelaram, isso pode ser perigoso.

Ou até mesmo mortal.

Na visão de Rosenbloom, dar a uma criança hormônio de crescimento simplesmente porque ela é um pouco mais baixa que outras crianças irá expô-la a um risco desnecessário – incluindo o de câncer –, risco que podemos não ser ainda capazes de compreender plenamente hoje, mas somente nas próximas décadas. E o endocrinologista acredita que essas decisões de tratar crianças com GH são mais o resultado de campanhas de marketing feitas por laboratórios farmacêuticos do que decisões tomadas em prol da saúde e do bem-estar a longo prazo de nossos filhos.

Hoje o mercado para o GH movimenta bilhões de dólares, e milhões são gastos todo ano em marketing, aconselhando pais preocupados com a possibilidade de que seus filhos fiquem baixinhos. Esses pais são muitas vezes convencidos a recorrer a uma intervenção custosa para tratar o que pode não ser um problema real.

Se aqueles com síndrome de Laron não desenvolvem câncer porque seus corpos não respondem ao hormônio do crescimento, deveríamos aceitar os riscos e continuar injetando uma versão sintética do mesmo hormônio? Se um número maior de pais soubesse a respeito da síndrome de Laron, e do risco potencial de câncer em decorrência da administração do hormônio de crescimento, há uma boa chance de que eles não ficassem tão inclinados a fazer uso desse hormônio.

* * *

Quando a síndrome de Laron foi descrita, em meados da década de 1960, não havia nenhuma maneira de prever que tantos anos mais tarde essa condição nos estaria propiciando alguma ideia quanto à imunidade ao câncer. Na verdade, naquela época, não se poderia imaginar que o estudo de qualquer tipo de doença rara pudesse nos proporcionar mais que algum conhecimento médico esotérico. Entretanto, conforme vimos nessa odisseia genética, costuma ser aquela rara família (por exemplo) com genes que a predispõem a um colesterol alto que acaba causando uma reviravolta e nos ajudando a realizar rupturas médicas capazes de beneficiar um número incontável de pessoas. Afinal de contas, foi o estudo de famílias com hemocromatose que conduziu à minha descoberta de um novo antibiótico. Devemos ser imensuravelmente gratos a cada pessoa com uma doença rara, assim como às suas famílias, por esses presentes médicos.

Ao longo dos anos, tenho conhecido um grupo incrível de pessoas com distúrbios raros. Ainda assim, nunca terei a pretensão de saber como é estar na pele deles; a verdade é que ninguém pode.

Entretanto, meu papel me confere uma perspectiva única. Na verdade, me propicia o acesso aos mundos de algumas das pessoas mais fortes que já conheci: pacientes, pais, cônjuges e irmãos que demonstraram uma coragem inacreditável diante de um diagnóstico desafiador que testa sua paciência, compaixão, resistência física e fortaleza emocional.

Tomemos como exemplo a mãe de Nicholas. Com o passar dos anos, Jen passou a ser conhecida como "mamãe Kung-Fu", por sua defesa resoluta e firme pelo bem de seu filho.

Mencionei esse apelido a Jen uma vez, e ela o recebeu com orgulho (e Nicholas gargalhou histericamente). Isso é bom, pois a verdade é que nós, como médicos, realmente dependemos de pessoas como ela para nos pressionarem a ir mais fundo e pensar com mais criatividade a respeito da condição de seus filhos. Além disso, sempre existem a lição e o lembrete sobre o que significa ser grato por todas aquelas coisas aparentemente irrelevantes que precisam acontecer todos os dias e que trouxeram você até onde você se encontra agora. Coisas que você nem percebe até que algo dê errado. Não estou falando apenas daquilo que acontece no interior de nossos genomas; estou me referindo, também, ao que significa ser humano. Ao que significa viver. Superar. Amar.

E isso não é tudo. Como vimos várias vezes, esses pacientes fantásticos e suas famílias inspiradoras também podem nos ajudar a diagnosticar, tratar e curar inúmeras outras condições. Estar perto deles me lembra que com frequência aprendo mais com meus pacientes do que eles podem aprender comigo.

Isso acontece com todos nós.

Porque, oculto bem no fundo de cada pessoa com uma condição genética rara, repousa um segredo que, se eles escolherem compartilhá-lo, pode um dia servir para curar e ajudar todos nós.

Epílogo
Uma última coisa

Percorremos um vasto território, do fundo do mar do Caribe até o topo do Monte Fuji. Conhecemos atletas com doping genético, verdadeiras almofadas de alfinete humanas, ossos ancestrais e genomas hackeados.

Vimos também como nossos genes não esquecem com facilidade o trauma do bullying, como uma simples mudança na dieta pode transformar operárias em abelhas rainhas, e, se você não tomar cuidado nas próximas férias, como até mesmo um pequeno descuido pode alterar, sem esforço, o seu DNA.

Durante toda essa travessia, vimos como nossa herança genética pode modificar e ser modificada por aquilo que vivemos. Sabemos que em nossas vidas – assim como em todas as formas de vida desse planeta – a flexibilidade é a chave. E a rigidez, conforme aprendemos, pode, surpreendentemente, ser inimiga da força.

Até mesmo uma mudança mínima na expressão de seu genoma durante o desenvolvimento pode inverter o sexo de uma pessoa. Ethan tornou se um menino em vez de uma menina não simplesmente devido àquilo que herdou, mas devido a uma pequena modificação no delicado *timing* de sua expressão gênica. Lembre-se: muitas outras pessoas com sequências genéticas similares à de Ethan se desenvolveram como meninas.

Exploramos também a maneira como a compreensão do funcionamento interno de nosso próprio DNA constitui um presente que nos é proporcionado pelas pessoas com condições genéticas raras, e a elas devemos muito. Surpreendentemente, foi entendendo as limitações do que herdamos que nos foi oferecida a melhor chance de transcendê-las. Saber o que fazer com sua herança genética confere a você o poder de moldá-la.

É por isso que talvez um dia você possa estar conversando com uma amiga que lhe dirá que tem comido mais frutas e legumes ultimamente, e que isso a tem feito se sentir mais inchada e cansada. E você se lembrará de Jeff, o chef. Talvez você não consiga lembrar o nome da condição que o afligia (intolerância hereditária à frutose), mas é quase certo que você se lembre de algo muito mais importante: que o consumo de frutas e legumes não é nenhuma dieta universalmente perfeita. Conforme aprendemos com Jeff, dietas que são boas para muitos podem ser mortais para outros.

E talvez, por causa desse livro, depois de seus filhos terem nascido e você notar que um deles é um pouco menor que os outros, você ouça alguém falar em terapia com hormônio de crescimento. Você irá se lembrar da condição genética (síndrome de Laron) que afeta particularmente cerca de uma centena de pessoas que vivem nas montanhas do Equador. Talvez você se recorde de que essas pessoas parecem não desenvolver câncer porque são imunes ao hormônio do crescimento, e assim você terá dados à sua disposição que poderão ajudá-lo a tomar uma decisão bem informada.

Lembrar-se de Meghan, para quem algumas cópias extras de um único gene, o *CYP2D6*, fez com que uma prescrição de codeína representasse uma sentença de morte, pode proporcionar a coragem de que você precisa para se pronunciar, não apenas em defesa de seu filho, mas de todos aqueles com doenças raras cujas vidas propiciam informações cruciais para nosso conhecimento médico coletivo.

É isso que Liz e David estão fazendo pela pequena Grace. Os ossos dela provavelmente não chegarão a se tornar tão fortes quanto os da maioria das pessoas, mas ela vem demonstrando a cada dia, tanto para mim quanto para as pessoas que a cercam, que seu genoma não é um livro completo já escrito, editado e publicado. Ele é uma história que ela mesma ainda está contando.

Você se lembra do que aquela funcionária do orfanato disse a eles? "Vocês são o destino dela." Não seus genes. Não seus ossos quebradiços. A mulher e o homem que decidiram que precisavam ser os pais daquela menina, e que deram a ela o direito de um nascimento totalmente novo. Uma nova chance de sobreviver, a despeito de sua herança genética, e a oportunidade de prosperar.

Como estamos descobrindo, nossa força genética não é meramente uma questão de receber os genes que nos foram entregues pelas gerações anteriores. Ela deriva da oportunidade de transformar aquilo que recebemos e aquilo que oferecemos.

E, ao fazer isso, transformamos completamente o curso de nossas vidas.

Notas

Capítulo 1: Como raciocinam os geneticistas

1. Alguns nomes neste livro foram modificados e algumas identidades, descrições e cenários foram alterados ou combinados de modo a proteger a confidencialidade de pacientes, amigos, conhecidos e colegas, ou para conferir maior clareza a alguma ideia ou diagnóstico.
2. Embora o preço tenha diminuído significativamente tanto para o exoma quanto para o sequenciamento de todo o genoma, o tempo e custos associados à interpretação dos dados ainda precisam ser considerados.
3. Há alguns princípios psicológicos básicos em ação aqui. Para um maior aprofundamento, leia J. Nevid (2009). *Psychology Concepts and Applications*. Boston: Houghton Mifflin.
4. M. Rosenfield (15 de janeiro de 1979). "Model expert offers 'something special'". *The Pittsburgh Press*.
5. P. Pasols (2012). *Louis Vuitton: The Birth of Modern Luxury*. Nova York: Abrams.
6. O National Center for Biotechnology é um recurso público abrangente e confiável para informações sobre todos os tipos de doenças, incluindo a anemia de Fanconi: <http://www.ncbi.nlm.nih.gov>.
7. Acredita-se que rearranjos do gene *PAX3* também estejam envolvidos em algumas formas raras de câncer chamadas de rabdomiossarcoma alveolar. S. Medic e M. Ziman (2010). "*PAX3* Expression in normal skin melanocytes and melanocytic lesions (naevi and melanomas)". *PLOS One*, 5: e9977.
8. Uma criança em cada setecentas que nascem tem síndrome de Down.

9. Embora não seja rotineiramente empregada hoje em dia, a análise do mecônio fetal pode ser utilizada para testar a exposição ao álcool durante a gestação, com base na presença de substâncias químicas chamadas ésteres etílicos de ácidos graxos.
10. Se até um polegar gordo é algo que precisa ser escondido, o que isso diz a respeito daqueles que têm anomalias físicas ainda mais severas e debilitantes? Na minha opinião, isso funciona como uma declaração muito triste sobre até que ponto os marqueteiros chegaram para estabelecer o ideal da pessoa perfeita – especialmente de mulheres perfeitas. Ver I. Lapowsky, (8 de fevereiro de 2010). "Megan Fox uses a thumb double for her sexy bubble bath commercial". *New York Daily News*.
11. K. Bosse *et al.* (2000). "Localization of a gene for syndactyly type 1 to chromosome 2q34-q36". *American Journal of Human Genetics*, 67: 492-497.
12. Casamentos entre parentes podem aumentar em duas vezes ou mais a probabilidade de distúrbios genéticos nos mais diversos graus, dependendo da etnia da família em questão.
13. A dismorfologia é uma subespecialidade da medicina que utiliza nossas características anatômicas para compreender nosso histórico genético e ambiental. Caso a terminologia usada pelos dismorfologistas desperte o seu interesse, sugiro a leitura da edição especial "Elements of Morphology: Standard Terminology" (2009). *American Journal of Medical Genetics Part A, 149*:1-127. Se você tiver interesse em aprender mais sobre esse campo fascinante, comece por *The Journal of Clinical Dysmorphology*, um periódico científico contendo artigos e pesquisas relacionados ao campo.

Capítulo 2: Quando os genes se comportam mal

1. S. Manzoor (2 de novembro de 2012). "Come inside: The world's biggest sperm bank". *The Guardian*.
2. C.Hsu (25 de setembro de 2012). "Denmark tightens sperm donation law after 'Donor 7042' passes rare genetic disease to 5 babies". *Medical Daily*.
3. R. Henig (2000). *The Monk in the Garden: The Lost and Found Genius of Gregor Mendel, the Father of Genetics*. Nova York: Houghton Mifflin.

4. Na publicação original de Mendel ele utilizou a palavra alemã *vererbung*, traduzida como *inheritance* no original e "herança" na presente edição.
5. D. Lowe (24 de janeiro de 2011). Esses gêmeos idênticos têm o mesmo defeito genético. Neil é afetado internamente e Adam, externamente. Reino Unido: *The Sun*.
6. M. Marchione (5 de abril de 2007). "Disease underlies Hatfield-McCoy feud". *The Associated Press*.
7. Para aprender mais sobre a síndrome de von Hippel-Lindau e apoiar organizações, ver o website da NORD [sigla em inglês de Organização Nacional para Doenças Raras]: <http://www.rarediseases.org/rare-disease-information/rare-diseases/byID/181/viewFullReport>.
8. L. Davies (18 de setembro de 2008). "Unknown Mozart score discovered in French library". *The Guardian*.
9. M. Doucleff (11 de fevereiro de 2012). "Anatomy of a tear-jerker: Why does Adele's 'Someone Like You' make everyone cry? Science has found the formula". *The Wall Street Journal*.
10. Para ouvir Leisinger tocar Mozart no piano, acesse: <http://www.themozartfestival.org>.
11. G. Yaxley *et al.* (2012). *Diamonds in Antarctica? Discovery of Antarctic Kimberlites Extends Vast Gondwanan Cretaceous Kimberlite Province*. Research School of Earth Sciences, Australian National University.
12. E. Goldschein (19 de dezembro de 2011). "The incredible story of how De Beers created and lost the most powerfully monopoly ever". *Business Insider*.
13. E.J.Epstein (1º de fevereiro de 1982). "Have you ever tried to sell a diamond?" *The Atlantic*.
14. H. Ford e S. Crowther (1922). *My Life and Work*. Garden City, NY: Garden City Publishing.
15. D. Magee (2007). *How Toyota Became #1: Leadership Lessons from the World's Greatest Car Company*. Nova York: Penguin Group.
16. A. Johnson (16 de abril de 2011). "One giant step for better heart research?" *The Wall Street Journal*.
17. Há muitos artigos publicados sobre o assunto. Eu, particularmente, gosto do seguinte: H. Katsume *et al.* (1992). "Disuse atrophy of

the left ventricle in chronically bedridden elderly people". *Japanese Circulation Journal, 53:* 201-206.
18. J. M. Bostrack e W. Millington (1962). "On the determination of leaf form in an aquatic heterophyllous species of *Ranunculus*". *Bulletin of the Torrey Botanical Club, 89:* 1-20.

Capítulo 3: Modificando nossos genes

1. Esse artigo é citado em quase uma centena de outros e permanece como referência: M. Kamakura (2001). "Royalactin induces queen differentiation in honeybees". *Nature, 473:* 478. Se você acha as abelhas tão fascinantes quanto eu acho, talvez também goste de ler esse artigo: A. Chittka e L. Chittka (2010). "Epigenetics of royalty". *PLOS Biology, 8:* e1000532.
2. F. Lyko *et al.* (2010). "The honeybee epigenomes: differential methylation of brain DNA in queens and workers". *PLOS Biology, 8:* e1000506.
3. R. Kucharski *et al.* (2008). "Nutritional control of reproductive status in honeybees via DNA methylation". *Science, 319:* 1827-1830.
4. B. Herb *et al.* (2012). "Reversible switching between epigenetic states in honeybee behavioral subcastes". *Nature Neuroscience, 15:* 1371-1373.
5. Os humanos também possuem duas versões, o *DNMT3A* e o *DNMT3B*, que apresentam homologia e similaridade compartilhadas no domínio catalítico do gene *Dnmt3* encontrado na *Apis mellifera*, a abelha-comum. Para ler mais a respeito desse assunto, veja o seguinte artigo: Y. Wang *et al.* (2006). "Functional CpG methylation system in a social insect". *Science, 27:* 645-647.
6. M. Parasramka *et al.* (2012). "MicroRNA profiling of carcinogen-induced rat colon tumors and the influence of dietary spinach". *Molecular Nutrition & Food Research, 56:* 1259-1269.
7. A. Moleres *et al.* (2013). "Differential DNA methylation patterns between high and low responders to a weight loss intervention in overweight or obese adolescents: The EVASYON study". *FASEB Journal, 27:* 2504-2512.

8. T. Franklin et al. (2010). "Epigenetic transmission of the impact of early stress across generations". *Biological Psychiatry, 68*: 408-415.
9. R. Yehuda et al. (2009). "Gene expression patterns associated with posttraumatic stress disorder following exposure to the World Trade Center attacks". *Biological Psychiatry, 66*: 708-711; R. Yehuda et al. (2005). "Transgenerational effects of posttraumatic stress disorder in babies of mothers exposed to the World Trade Center attacks during pregnancy". *Journal of Clinical Endocrinology & Metabolism, 90*: 4115-4118.
10. S. Sookoian et al. (2013). "Fetal metabolic programming and epigenetic modifications: A systems biology approach". *Pediatric Research, 73:* 531-542.

Capítulo 4: Pegar ou largar

1. E. Quijano (4 de março de 2013). "'Kid President': A boy easily broken teaching how to be strong". *CBSNews.com*.
2. Felizmente, esse tipo de caso é bastante raro. No entanto, essa história é incrivelmente trágica. H. Weathers (19 de agosto de 2011). "They branded us abusers, stole our children and killed our marriage: Parents of boy with brittle bones attack social workers who claimed they beat him". *The Daily Mail*.
3. US. Department of Health & Human Services (2011). *Child Maltreatment*.
4. A FOP já aparece na literatura médica há 250 anos, mas as causas da doença permaneciam um mistério até bem pouco tempo. Para ler mais sobre o assunto ver o seguinte artigo: F. Kaplan et al. (2008). "Fibrodysplasia ossificans progressiva". *Best Practice & Research: Clinical Rheumatology, 22*: 191-205.
5. A família de Ali montou um "exército" para a filha e outros que sofrem de FOP: N. Golgowski (1º de junho de 2012). "The girl who is turning into stone: Five years old with rare condition faces race against time for cure". *The Daily Mail*.
6. Hoje em dia, prestar atenção ao dedão do pé de pessoas com suspeita de FOP faz parte do exame padrão: M. Kartal-Kaess et al. (2010). "Fibrodysplasia ossificans progressiva (FOP): Watch the great toes". *European Journal of Pediatrics, 169:* 1417-1421.

7. A. Stirland (1993). "Asymmetry and Activity related change in the male humerus". *International Journal of Osteoarcheology, 3*: 105-113.
8. O *Mary Rose* permaneceu no fundo do mar até ser retirado em 1982. Desde então, os cientistas têm disputado para revelar a identidade e a história de vida dos marinheiros que estavam a bordo. A. Hough (18 de novembro de 2012). "*Mary Rose:* Scientists identify shipwreck's elite archers by RSI". *The Telegraph.*
9. Caso você se interesse pela hereditariedade dos joanetes, ver M. T. Hannan *et al.* (2013). "Hallux valgus and lesser toe deformities are highly heritable in adult men and woman: The Framingham foot study". *Arthritis Care Research* (Hoboken). [E-book anterior à edição impressa.]
10. Em qualquer outro contexto, uma mochila pesada seria considerada objeto de tortura. Ver D. H. Chow *et al.* (2010). "Short-term effects of backpack load placement on spine deformation and repositioning error in schoolchildren". *Ergonomics, 53*: 56-64.
11. A. A. Kane *et al.* (1996). "Observations on a recent increase in plagiocephaly without synostosis". *Pediatrics, 97*: 877-885; W. S. Biggs (2004). "The 'epidemic' of deformational plagiocephaly and the American Academy of Pediatrics' response". *JPO: Journal of Prosthetics and Orthotics, 16*:S5-S8.
12. Antes de comprar um capacete craniano, por favor, considere o artigo de J. F. Wilbrand *et al.* (2013). "A prospective randomized trial on preventative methods for positional head deformity: Physiotherapy versus a positioning pillow". *The Journal of Pediatrics, 162:* 1216-1221.
13. Esse peixe é fascinante. Para saber mais, ver J. G. Lundberg e B. Chernoff (1992). "A Miocene fossil of the Amazonian fish *Arapaima* (*Teleostei Arapaimidae*) from the Magdalena River region of Colombia – Biogeographic and evolutionary implications". *Biotropica*, 24: 2-14.
14. M.A. Meyers *et al.* (2012). "Battle in the Amazon: Arapaima versus piranha". *Advanced Engineering Materials. 14:* 279-288.
15. A variação genética mínima que leva ao tipo letal de OI foi apenas uma das muitas revelações de impacto sobre o poder de mudança de um único nucleotídeo. Ver D. H. Cohn *et al.* (1986). "Lethal osteogenesis imperfect resulting from a single nucleotide change

in one human pro alpha 1 (I) collagen allele". *Proceedings of the National Academy of Science, 83*: 6045-6047.
16. D. R. Taaffe *et al.* (1995). "Differential effects of swimming versus weight-bearing activity on bone mineral status of eumenorrheic athletes". *Journal of Bone and Mineral Research, 10*: 586-593.
17. As fotos e os vídeos que acompanham essa notícia sobre a aterrissagem da cápsula espacial mostram os três astronautas lutando para se readaptar à gravidade na Terra. Ver P. Leonard (2 de julho de 2012). "'It's a bullseye': Russian Soyuz capsule lands back on Earth after 193-day space mission". *Associated Press.*
18. A. Leblanc *et al.* (2013). "Biophosphonates as a supplement to exercise to protect bone during long-duration spaceflight". *Osteoporosis International 24:* 2105-2114.

Capítulo 5: Alimente seus genes

1. F. Rohrer (7 de agosto de 2007). "China drinks its milk". *BBC News Magazine.*
2. O que faz sentido, uma vez que muitos não sabem sequer cozinhar, muito menos receitas que sejam saborosas e nutritivas ao mesmo tempo. Para mais informações, ver o artigo: P. J. Curtis *et al.* (2012). "Effects on nutrient intake of a family-based intervention to promote increased consumption of low-fat starchy foods through education, cooking skills and personalized goal". *British Journal of Nutrition, 107*: 1833-1844.
3. D. Martin (18 de agosto de 2011). "From omnivore to vegan: The dietary education of Bill Clinton". *CNN.com*
4. S. Brown (2003). *Scurvy: How a Surgeon, a Mariner and a Gentleman Solved the Greatest Medical Mystery of the Age of Sail.* West Sussex: Summersdale Publishing Ltd.
5. L. E. Cahill e A. El-Sohemy (2009). "Vitamin C transporter gene polyphormisms, dietary vitamin C and serum ascorbic acid". *Journal of Nutrigenetics and Nutrigenomics, 2*: 292-301.
6. H. C. Erichsen *et al.* (2006). "Genetic variation in the sodium-dependent vitamin C transporters, *SLC23A1*, and *SLC23A2* and risk for preterm delivery". *American Journal of Epidemiology, 163*: 245-254.

7. Para ler mais sobre o assunto, eis um artigo que explora algumas dessas ideias: E. L. Stuart *et al.* (2004). "Reduced collagen and ascorbic acid concentrations and increased proteolytic susceptibility with prelabor fetal membrane rupture in women". *Biology of Reproduction, 72*: 230-235.
8. Jeff, o chef que conhecemos no capítulo 1, se viu nessa posição quando passou a seguir as orientações nutricionais de seu médico.
9. Para ler mais sobre a farmacogenética da ingestão de cafeína, ver: Palatini *et al.* (2009). "*CYP1A2* genotype modifies the association between coffee intake and the risk of hypertension". *Journal of Hypertension, 27*: 1594-601 e M. C. Cornelis *et al.* (2006). "Coffee, *CYP1A2* genotype, and risk of myocardial infarction". *The Journal of American Medical Association, 295*:1135-1141.
10. I. Sekirov *et al.* (2010). "Gut microbiota in health and disease". *Physiological Reviews, 90*: 859-904.
11. Muitas vezes, é necessário esperar algumas semanas para que se forme espaço na cavidade do corpo do bebê. Um invólucro temporário específico chamado de silo é colocado ao redor dos intestinos para proteger o órgão durante a espera. Apesar de o silo ser visualmente desconcertante para os pais e familiares de uma criança com gastrosquise, esse tempo é necessário para que se forme espaço suficiente para os intestinos, de modo que possam ser recolocados com segurança dentro do corpo e a abertura na pele seja fechada cirurgicamente.
12. N. Fei e L. Zhao (2013). "An opportunistic pathogen isolated from the gut of an obese woman causes obesity in germfree mice". *The ISME Journal, 7*: 880-884.
13. Caso você esteja interessado em ler mais sobre o assunto, ver o artigo: R. A. Koeth *et al.* (2013). "Intestinal microbiota metabolism of l-carnitine, a nutrient in red meat, promotes atherosclerosis". *Nature Medicine, 19*: 576-585.
14. S.A. Centerwall e W.R. Centerwall (2000). "The discovery of phenylketonuria: The story of a young couple, two retarded children and a scientist". *Pediatrics, 105*: 89-103.
15. P. Buck (1950). *The Child Who Never Grew*. Nova York: John Day.

HERANÇA

Capítulo 6: Dosagem genética

1. Para ler mais sobre casos como o de Meghan, eis um bom lugar para começar: L. E. Kelly *et al.* (2012). "More codeine fatalities after tonsillectomy in North American children". *Pediatrics*, 129: e1343-1347.
2. O que aconteceu durante esses anos de proibição? Movimentos muito lentos em direção a uma medida capaz de salvar vidas. Muitas vezes, infelizmente, é assim que as ciências médicas funcionam. Ver B. M. Kuehn (2013). "FDA: No codeine after tonsillectomy for children". *Journal of the American Medical Association*, 309: 1100.
3. A. Gaedigk *et al.* (2010). "*CYP2D7-2D6* hybrid tandems: Identification of novel *CYP2D6* duplication arrangements and implications for phenotype prediction". *Pharmacogenomics*, 11: 43-53, D.G. Williams *et al.* (2002). "Pharmacogenetics of codeine metabolism in an urban population of children and its implications for analgesic reliability". *British Journal of Anesthesia*, 89: 839-845; E. Aklillu *et al.* (1996). "Frequent distribution of ultrarapid metabolizers of debrisoquine in an Ethiopian population carrying duplicated and multiduplicated functional *CYP2D6* alleles". *Journal of Pharmacology and Experimental Therapeutics*. 278: 441-446.
4. Rose, que morreu em 1993, é considerado um herói para muitos médicos – e merecidamente. B. Miall (16 de novembro de 1993). "Obituary: Professor Geoffrey Rose". *The Independent*.
5. Assim como sabemos que os efeitos da codeína variam amplamente dependendo da herança genética, também aprendemos que os efeitos de cada intervenção médica pode variar muito de pessoa para pessoa, às vezes para o bem e outras para o mal: G. Rose (1985). "Sick individuals and sick populations". *International Journal of Epidemiology*, 14: 32-38.
6. Ver A. M. Minihane *et al.* (2000). "*APOE* polymorphism and fish oil supplementation in subjects with an atherogenic lipoprotein phenotype". *Arteriosclerosis, Thrombosis, and Vascular Biology*, 20: 1990-1997; A. Minihane (2010). "Fatty acid-genotype interactions and cardiovascular risk". *Prostaglandins, Leukotrienes and Essential Fatty Acids*, 82: 259-264.

7. M. Park (13 de abril de 2011). "Half of Americans use supplements". *CNN.com*.
8. H. Bastion (2008). "Lucy Wills (1888-1964): The life and research of an adventurous independent woman". *The Journal of the Royal College of Physicians of Edinburgh. 38:* 89-91.
9. M. Hall (2012). *Mish-Mash of Marmite: A-Z of Tar-in-a-Jar*. Londres: BeWrite Books.
10. Para ler mais sobre essas pesquisas, ver: P. Surén *et al.* (2013). "Association between maternal use of folic acid supplements and risk of autism spectrum disorders in children". *The Journal of the American Medical Association, 309:* 570-577.
11. L. Yan *et al.* (2012). "Association of the maternal *MTHFR C677T* polymorphism with susceptibility to neural tube defects in offsprings: Evidence from 25 case-control studies". *PLOS One,* 7: e41689.
12. A. Keller *et al.* (2012). "New insights into the Tyrolean Iceman's origin and phenotype as inferred by whole-genome sequencing". *Nature Communications, 3*: 698.
13. Não posso garantir que se inscrever para ter acesso ao serviço não resultará na visita de missionários da Igreja de Jesus Cristo dos Santos dos Últimos Dias.

Capítulo 7: Escolhendo um lado

1. Caso você não seja fã de surfe, deve se lembrar de Occhilupo no programa de TV *Dancing with the Stars*. Para saber mais sobre a história incrível que antecedeu a sua participação no programa, e eliminação, ver: M. Occhilupo e T. Baker (2008). *Occy: The Rise and Fall and Rise of Mark Occhilupo*. Melbourne: Random House Australia.
2. P. Hilts (29 de agosto de 1989). "A sinister bias: New studies cite perils for lefties". *The New York Times*.
3. L. Fritschi *et al.* (2007). "Left-handedness and risk of breast cancer". *British Journal of Cancer, 5*: 686-687.
4. Para ver o desenho de Walt Disney *Férias no Havaí,* use o seguinte link: <http://www.youtube.com/watch?v=SdIaEQCUVbk>.

5. E. Domelöf et al. (2011). "Handedness in preterm born children: A systematic review and a meta-analysis". *Neuropsychologia, 49*: 2299-2310.
6. Se você tiver interesse nesse assunto, então pode ler mais: O. Basso (2007). "Right or wrong? On the difficult relationship between epidemiologists and handedness". *Epidemiology, 18*: 191-193.
7. A. Rodriguez et al. (2010). "Mixed-handedness is linked to mental health problems in children and adolescents". *Pediatrics, 125*: e340-e348.
8. G. Lynch et al. (2001). *Tom Blake: The Uncommon Journey of a Pioneer Waterman*. Irvine: Croul Family Foundation.
9. M. Ramsay (2010). "Genetic and epigenetic insights into fetal alcohol spectrum disorders". *Genome Medicine, 2*: 27. K. R. Warren e T. K. Li. (2005). "Genetic polymorphisms: Impact on the risk of fetal alcohol spectrum disorders". *Birth Defects Research Part A: Clinical and Molecular Teratology, 73*: 195-203.
10. E. Domellöf et al. (2009). "Atypical functional lateralization in children with fetal alcohol syndrome". *Developmental Psychology, 51*: 696-705.
11. A história de Naranjo é simplesmente incrível. Veja os vídeos dele no YouTube, e não deixe de ler: "The artist who sees with his hands". *Veterans Advantage*. <http://www.veteransadvantage.com/va/cms/content/michael-naranjo>.
12. S. Moalem et al. (2013). "Broadening the ciliopathy spectrum: Motile cilia dyskinesia, and nephronophthisis associated with a previously unreported homozygous mutation in the *INVS/NPHP2* gene". *American Journal of Medical Genetics Part A, 161*: 1792-1796.
13. Será que o meteorito simplesmente não pegou uma camada extra de aminoácidos quando atingiu o lago? Os cientistas consideraram tal possibilidade: D. P. Glavin et al. (2012). "Unusual nonterrestrial 1-proteinogenic amino acid excesses in the Tagish Lake meteorite". *Meteoritics & Planetary Science, 47*: 1347-1364.
14. S.N. Han et al. (2004). "Vitamin E and gene expression in immune cells". *Annals of the New York Academy of Sciences, 1031*: 96-101.
15. G. J. Handleman et al. (1985). "Oral alpha-tocopherol supplements decrease plasma gamma-tocopherol levels in humans". *The Journal of Nutrition, 115*: 807-813.

16. J. M. Major *et al.* (2012). "Genome-wide association study identifies three common variants associated with serologic response to vitamin E supplementation in men". *The Journal of Nutrition, 142*: 866-871.

Capítulo 8: Somos todos x-men

1. Para mais informações, visite o National Geographic Project: <www.nationalgeographic.com>.
2. M. Hanaoka *et al.* (2012). "Genetic variants in *EPAS1* contribute to adaptation to high-altitude hypoxia in Sherpas". *PLOS One, 7:* e50566.
3. Um dos sinais em que pilotos e tripulações de avião mais prestam atenção é um ataque de riso inesperado, que pode ser indicativo de queda do nível de oxigênio na cabine devido à despressurização.
4. P. H. Hackett (2010). "Cafeine at high altitude: Java at base camp". *High Altitude Medicine & Biology, 11*: 13-17.
5. Slogan da Coca-Cola.
6. A. de La Chapelle *et al.* (1993). "Truncated erythropoietin receptor causes dominantly inherited benign human erythrocytosis". *Proceedings of the National Academy of Sciences, 90:* 4495-4499.
7. Desde que se mudou para os Estados Unidos com a mulher e os filhos, em 2006, Apa Sherpa voltou várias vezes ao Nepal para protestar contra as mudanças climáticas e por uma educação melhor para a comunidade xerpa. Para ler mais sobre Apa Sherpa ver o seguinte artigo: M. LaPlante (2 de junho de 2008). "Everest record-holder proudly calls Utah home". *The Salt Lake Tribune*.
8. D. J. Gaskin *et al.* (2012). "The economic costs of pain in the United States". *The Journal of Pain, 13*: 715-724.
9. B. Huppert (9 de fevereiro de 2011). "Minn. girl who feels no pain, Gabby Gingrass, is happy to 'feel normal'". *KARE11*; K. Oppenheim (3 de fevereiro de 2006). "Life full of danger for little girl who can't feel pain". *CNN.com*.
10. J. J. Cox *et al.* (2006). "An *SCN9A* channelopathy causes congenital inability to experience pain". *Nature, 444*: 894-898.

HERANÇA

Capítulo 9: Hackeando seu genoma

1. Caso você queira mais informações sobre estatísticas da prevalência de vários tipos de câncer diferentes, a American Cancer Society é um bom lugar por onde começar: <http://www.cancer.org>.
2. C. Brown (abril de 2009). "The king herself". *National Geographic*, *215*(4).
3. Ainda não se sabe qual foi o papel exato que a dieta desempenhou no desenvolvimento de câncer em certas espécies de dinossauros, uma vez que nem todas as espécies parecem ter sido afetadas da mesma maneira. Para ler mais sobre esse trabalho fascinante, ver B. M. Rothschild *et al*. (2003). "Epidemiologic study of tumors in dinosaurs". *Naturwissenschaften*, *90*: 495-500, e J. Whitfield (21 de outubro de 2003). "Bone scans reveal tumors only in duck-billed species". *Nature News*.
4. Organização Mundial da Saúde.
5. Para mais informações sobre índices e causas de câncer de pulmão, ver o site do Centers for Disease Control and Prevention: <http://www.cdc.gov>.
6. A. Marx. (1994-1995, Winter). "The ultimate cigar aficionado". *Cigar Aficionado*.
7. Apesar do fato de várias dessas publicações ganharem muito dinheiro com publicidade de cigarro.
8. R. Norr (dezembro de 1952). "Cancer by the carton". *The Reader's Digest*.
9. Caso você tenha interesse em obter outras estatísticas relativas ao fumo, acesse o site: <http://www.lung.org>.
10. *See it Now* (7 de junho de 1955). Transcrito de uma fita gravada pela Hill and Knowlton, Inc., durante a exibição do programa da CBS na TV.
11. U.S. Department of Agriculture. (2007). "Tobacco Situation and Outlook Report Yearbook; Centers for Disease Control and Prevention". *National Center for Health Statistics. National Health Interview Survey 1965-2009*.
12. A transcrição completa de "Cigarettes and Lung Cancer" da edição de 7 de junho de 1955 do programa *See it Now* está disponível online no site da Legacy Tobacco Documents Library: <http://www.legacy.library.ucsf.edu/tid/ppq36b00>.

13. Há muita especulação sobre o que os tigres-dentes-de-sabre (que não eram propriamente tigres) caçavam, mas pesquisadores mencionam que eles estavam no lugar certo na hora certa para abater alguns de nossos primeiros ancestrais: L. de Bonis *et al.* (2010). "New saber-toothed cats in the Late Miocene of Toros Menalla (Chad)". *Comptes Rendus Palevol., 9*: 221-227.
14. B. Ramazzini (2001). "De Morbis Artificum Diatriba". *American Journal of Public Health 91*: 1380-1382.
15. T. Lewin (10 de fevereiro de 2001). "Commission sues railroad to end genetic testing in work injury cases". *The New York Times.*
16. P. A. Schulte e G. Lomax (2003). "Assessment of the scientific basis for genetic testing of railroad workers with carpal tunnel syndrome". *Journal of Occupational and Environmental Medicine, 45*: 592-600.
17. De modo geral, essas famílias tinham doenças incomuns, e a raridade dos distúrbios deve ter feito com que fosse mais fácil para os pesquisadores identificá-los, mas a facilidade com que os pesquisadores conseguiram identificar os pacientes é desconcertante. M. Gymrek *et al.* (2013). "Identifying personal genomes by surname inference". *Science, 339*: 321-324.
18. J. Smith (16 de abril de 2013). "How social media can help (or hurt) you in your job search". *Forbes.com.*
19. Nos Estados Unidos, empregadores e seguradoras enfrentam limites quanto ao acesso a informações genéticas.
20. Em 2012, a Presidential Commission for Bioethical Issues emitiu um relatório pedindo que tais testes passassem a ser ilegais, devido a questões já difundidas de privacidade: S. Begley (11 de outubro de 2012). "Citing privacy concerns, U.S. panel urges end to secret DNA testing". *Reuters.*
21. A. Jolie (14 de maio de 2013). "My medical choice". *The New York Times.*
22. D. Grady *et al.* (14 de maio de 2013). "Jolie's disclosure of preventive mastectomy highlights dilemma". *The New York Times.*

HERANÇA

Capítulo 10: Filhos por encomenda

1. O Wrecksite é o maior banco de dados online com informações sobre o destino de mais de 140 mil navios. Também contém informações valiosas sobre o que muitos desses navios faziam no momento em que foram destruídos. <http://wrecksite.eu>.
2. Ver: I. Donald (1974). "Apologia: How and why medical sonar developed". *Anals of the Royal College of Surgeons of England, 54*: 132-140.
3. Essa história e muitas outras envolvendo submarinos alemães podem ser encontradas em <http://www.uboat.net>.
4. R. Brooks. (4 de março de 2013). "China's biggest problem? Too many men". *CNN.com*.
5. Y. Chen et al. (2013). "Prenatal sex selection and missing girls in China: Evidence from the diffusion of diagnostic ultrasound". *The Journal of Human Resources, 48*: 36-70.
6. Em dado momento na história dos Estados Unidos – e não faz tanto tempo assim – "especialistas" em roupas aconselharam os pais a vestirem meninos de rosa e meninas de azul. Mas, nas décadas de 1950 e 1960, o paradigma de gênero mudou. Deve ter retrocedido ou mudado completamente, do mesmo modo como ocorre com as cores na moda para adultos, caso não tenha sido por causa do ultrassom ou sonogramas. J. Paoletti (2012). *Pink and Blue: Telling the Boys from the Girls in America*. Indiana University Press.
7. Essa história apresenta uma combinação de casos já publicados e outras consultas similares de pacientes, com nomes, descrições e cenários alterados.
8. O índice de doenças da Clínica Mayo tem uma série de páginas dedicadas à hipospadia e a milhares de outras condições: <http://www.mayoclinic.org/diseases-conditions>.
9. É possível que essa seja uma das doenças genéticas autossômicas recessivas mais comuns em humanos. P. W. Speiser et al. (1985). "High frequency of neoclassic steroid 21-hydroxylase deficiency". *American Journal of Human Genetics, 37*: 650-667.
10. Assim como num relógio, um braço é curto (que chamamos de "p") e o outro costuma ser mais longo (que chamamos de "q").

Cada cromossomo tem um padrão gráfico único, que cria uma aparência tipo código de barras quando colocado num microscópio. É esse padrão gráfico único que os citogeneticistas usam para identificar e avaliar a integridade e a qualidade dos cromossomos.

11. Diferentemente de um cariótipo, uma das limitações importantes de um aCGH é que o exame não mostra se há um movimento equilibrado ou uma inversão de material genético de uma área do genoma para outra. Isso é importante porque, se utilizarmos o mesmo exemplo dos volumes de enciclopédia, tal mudança pode resultar em uma entrada errada, o que para o nosso genoma pode ser problemático.
12. Entre outras superstições sobre os *hijras*, muitos indianos acreditam que eles devem estar presentes nos casamentos, ou por perto, para trazer boa sorte: N. Harvey (13 de maio de 2008). "India's transgendered – the Hijras". *New Statesman*.
13. A obra completa de Moreschi, embora contenha ruídos e irregularidades sonoras, mesmo assim é encantadora. Está disponível em CD de 18 faixas, *The Last Catrato* (1993). Opal.
14. K. J. Min *et al*. (2012). "The lifespan of Korean eunuchs". *Current Biology, 22*: R792-R793.
15. Erroneamente atribuída a Ralph Waldo Emerson, a frase aparentemente surgiu pela primeira vez em um livro de um negociante do mercado financeiro cuja identidade só foi revelada anos depois pelo *The New York Times*. Ver H. Haskins (1940*). Meditations in Wall Street*. Nova York: William Morrow.

Capítulo 11: Juntando os pedaços

1. Mais do que toda a população do estado do Texas: National Organization for Rare Disorders.
2. Gordura virou sinônimo de palavrão. Para a maioria das pessoas ela é vital e, como concluiu esse estudo, a relação entre ingestão de gordura e artigos sobre depressão pode ser mais complicada do que supúnhamos inicialmente, e pode depender de um tipo específico de gordura: A. Sánchez-Villegas *et al*. (2011). "Dietary fat intake and the risk of depression: The SUN Project". *PLOS One, 26:* e16268.

3. Doenças coronarianas às vezes são chamadas de epidemias "ocultas": D. L. Hoyert e J. Q. Xu. (2012). "Deaths: Preliminary data for 2011". *National Vital Statistics Reports, 61:* 1-52.
4. S. C. Nagamani *et al.* (2012). "Nitric-oxide supplementation for treatment of long-term complications in argininosuccinic aciduria". *American Journal of Human Genetics, 90:* 836-846; C. Ficicioglu et al. (2009). "Argininosuccinate lyase deficiency: Longterm outcome of 13 patients detected by newborn screening". *Molecular Genetics and Metabolism, 98:* 273-277.
5. A. Williams (3 de abril de 2013). "The Ecuadorian dwarf community 'immune to cancer and diabetes' who could hold cure to diseases". *The Daily Mail.*
6. A síndrome de Gorlin não é a única razão para que os dedos dos pés sejam unidos dessa maneira. Se você tem sindactilia, não significa necessariamente que você desenvolverá câncer de pele.
7. N. Boutet *et al.* (2003). "Spectrum of *PTCH1* mutations in French patients with Gorlin syndrome". *The Journal of Investigative Dermatology, 121:* 478-481.
8. A. Case e C. Paxson (2006). *Stature and Status: Height, Ability and Labor Market Outcomes.* National Bureau of Economic Research Working Paper nº 12466.
9. Os franceses travaram uma longa batalha perdida contra a ideia de que Napoleão era baixo e que sua altura teve influência em suas ambições: M. Dunan (1963). "La taille de Napoleón". *La Revue de L'Institut Napoleón, 89:* 178-179.
10. V. Ayyar (2011). "History of growth hormone therapy". *Indian Journal of Endocrinology and Metabolism, 15:* S162-S165.
11. A. Rosenbloom (2011). "Pediatric endo-cosmetology and the evolution of growth diagnosis and treatment". *The Journal of Pediatrics, 158:* 187-193.

Agradecimentos

Sou grato e devo muito a todos os pacientes e suas famílias, que me deram permissão para recontar as histórias de suas jornadas médicas ao longo das páginas de *Herança*. Também sou extremamente grato a todos os professores e mentores que tive no decorrer desses anos, na medicina e além dela. Agradeço especialmente a David Chitayat, MD, cujo apoio e entusiasmo contínuo e inspirador com esse projeto, desde o início, foram cruciais para seu êxito. Ao longo dos anos, ele também partilhou comigo, generosamente, sua paixão contagiante pela dismorfologia, pela genética e pela medicina. Meu agente, Richard Abate, da 3 Arts, acreditou nesse projeto desde o início, e seu auxílio foi fundamental para que o texto incluísse a noção de "como raciocina um geneticista". O manuscrito foi imensamente aperfeiçoado pelas sugestões e pelos direcionamentos propostos por muitos leitores. Devo reconhecer especialmente meu maravilhoso diretor-executivo, Ben Greenberg, da Grand Central Publishing, cuja curiosidade intelectual e persistência ajudaram a trazer clareza aos complexos processos genéticos e ideias. Ben foi também um dos primeiros defensores de *Herança*, e sua ajuda foi crucial para que o livro alcançasse o público que ele acreditava que essa obra merece. Eu gostaria também de agradecer a Drummond Moir, meu editor britânico, na Scepter, por algumas sugestões editoriais salvadoras de última hora. A Yasmin Mathew, por seu trabalho meticuloso como editora de produção. E a Melissa Khan, da 3 Arts, e Pippa White, da Grand Central, por sempre estarem à frente em termos administrativos, e fazerem com que se tornasse um prazer surpreendente o cumprimento dos prazos. Da mesma forma, sou grato a meus assessores de imprensa, Matthew Ballast, da Grand Central, e Catherine Whiteside, que fizeram um trabalho maravilhoso para despertar o interesse a respeito do livro. Meu assistente de pesquisa, Richard Verver, continua a me deixar perplexo com seu olhar aguçado e sua busca incansável por fontes originais, sem se deixar deter por barreiras linguísticas. A Alaina deHavillard, do Wailele Estates Kona Coffee, cuja maestria no preparo do café inspirou página após página desse livro. E a Wally, cuja graciosa hospitalidade e recepção calorosa em casa criaram o ambiente perfeito para a finalização desse projeto. Também quero agradecer a Jordan Peterson, que despendeu uma imensa quantidade de tempo e energia com sugestões relativas ao refinamento do manuscrito. E, obviamente, a Matthew LaPlante, que melhorou todo esse projeto com seu imenso talento jornalístico e revigorante senso de humor. Por fim, mas não menos importante, agradeço a minha família e amigos, pelo amor e apoio sem fim e pelo entusiasmo constante a cada nova empreitada.

Este livro foi impresso na Editora JPA Ltda.,
Av. Brasil, 10.600 – Rio de Janeiro – RJ,
para a Editora Rocco Ltda.